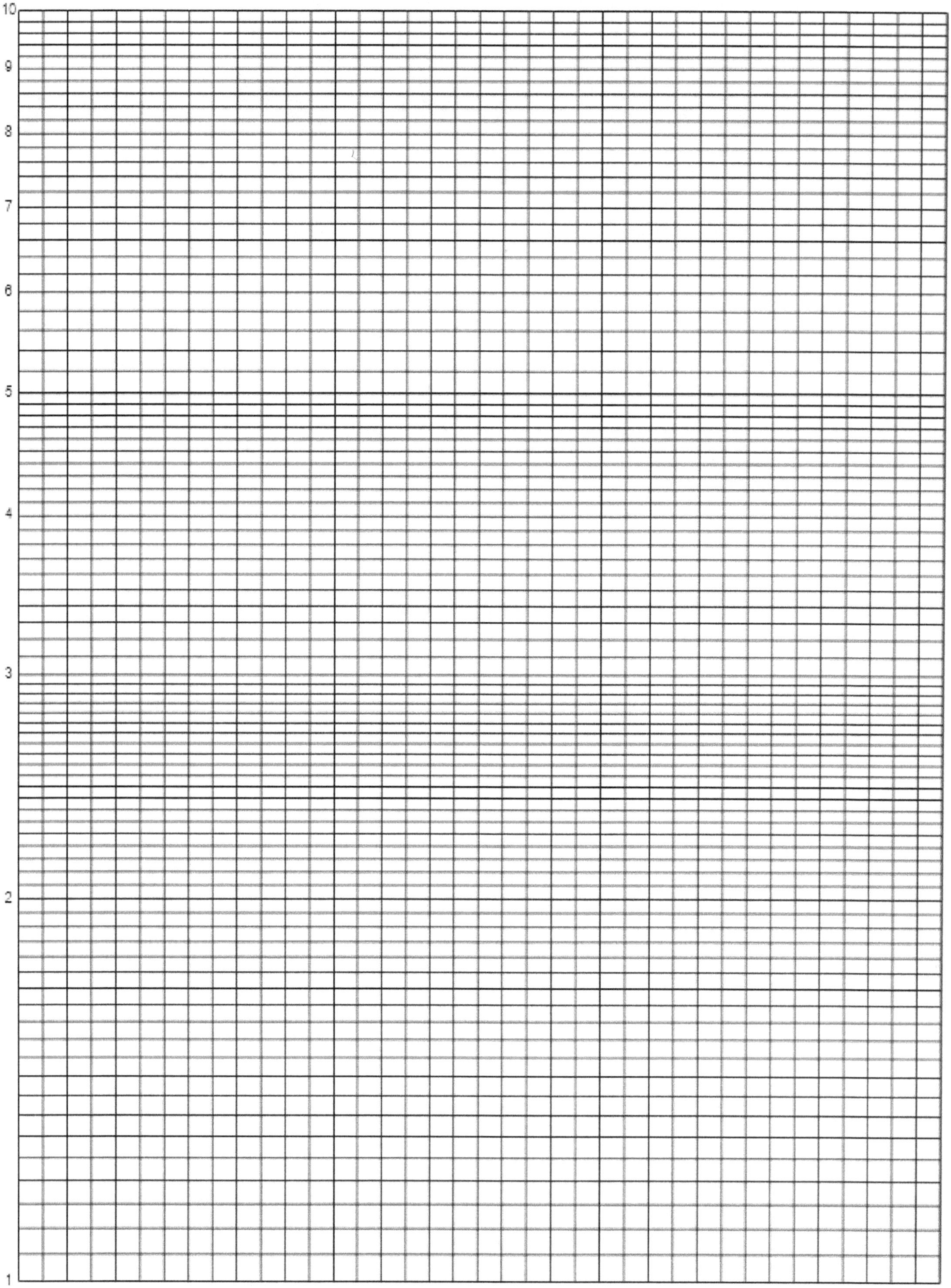
10
9
8
7
6
5
4
3
2
1

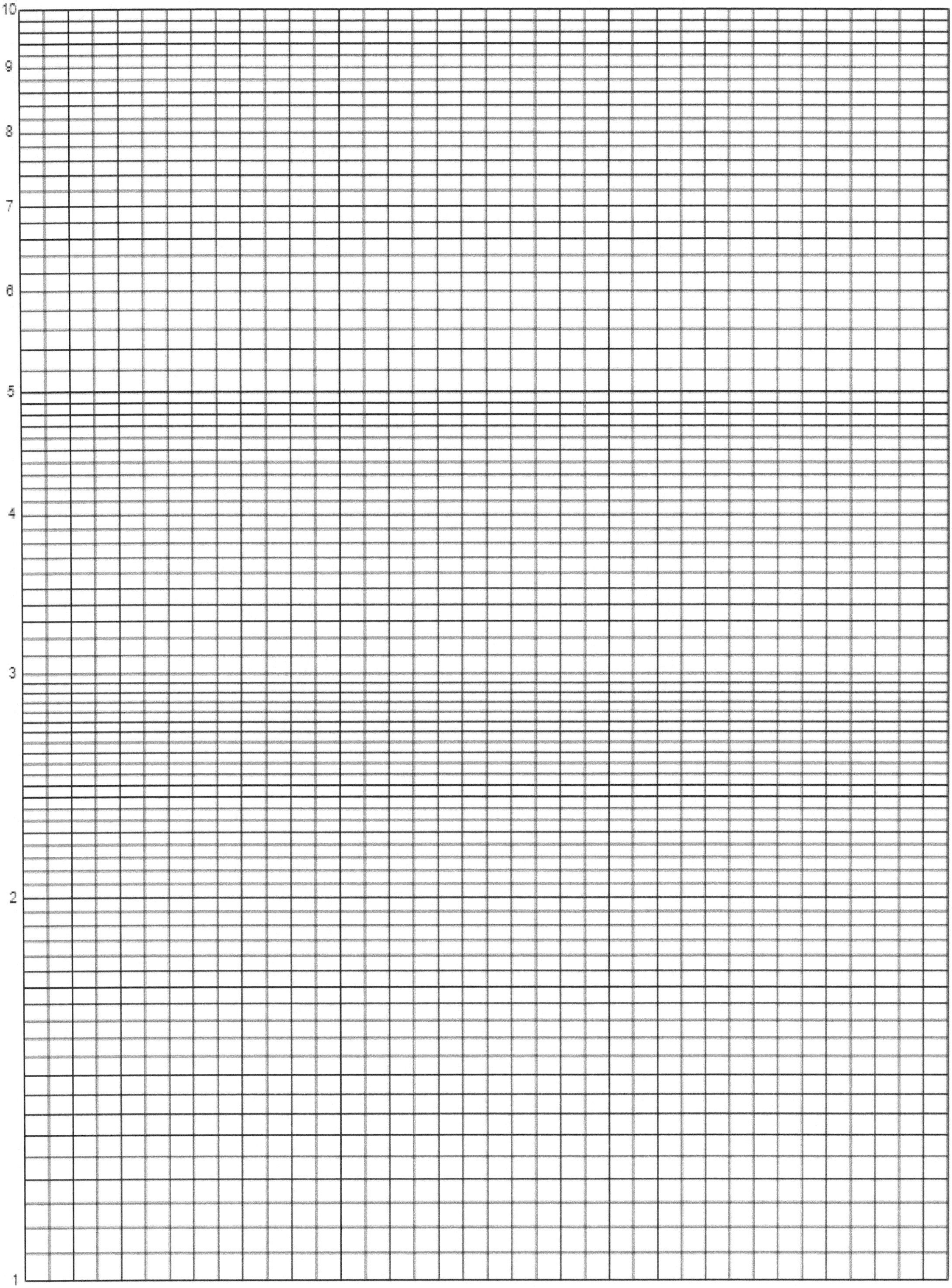
10
9
8
7
6
5
4
3
2
1

10
9
8
7
6
5
4
3
2
1

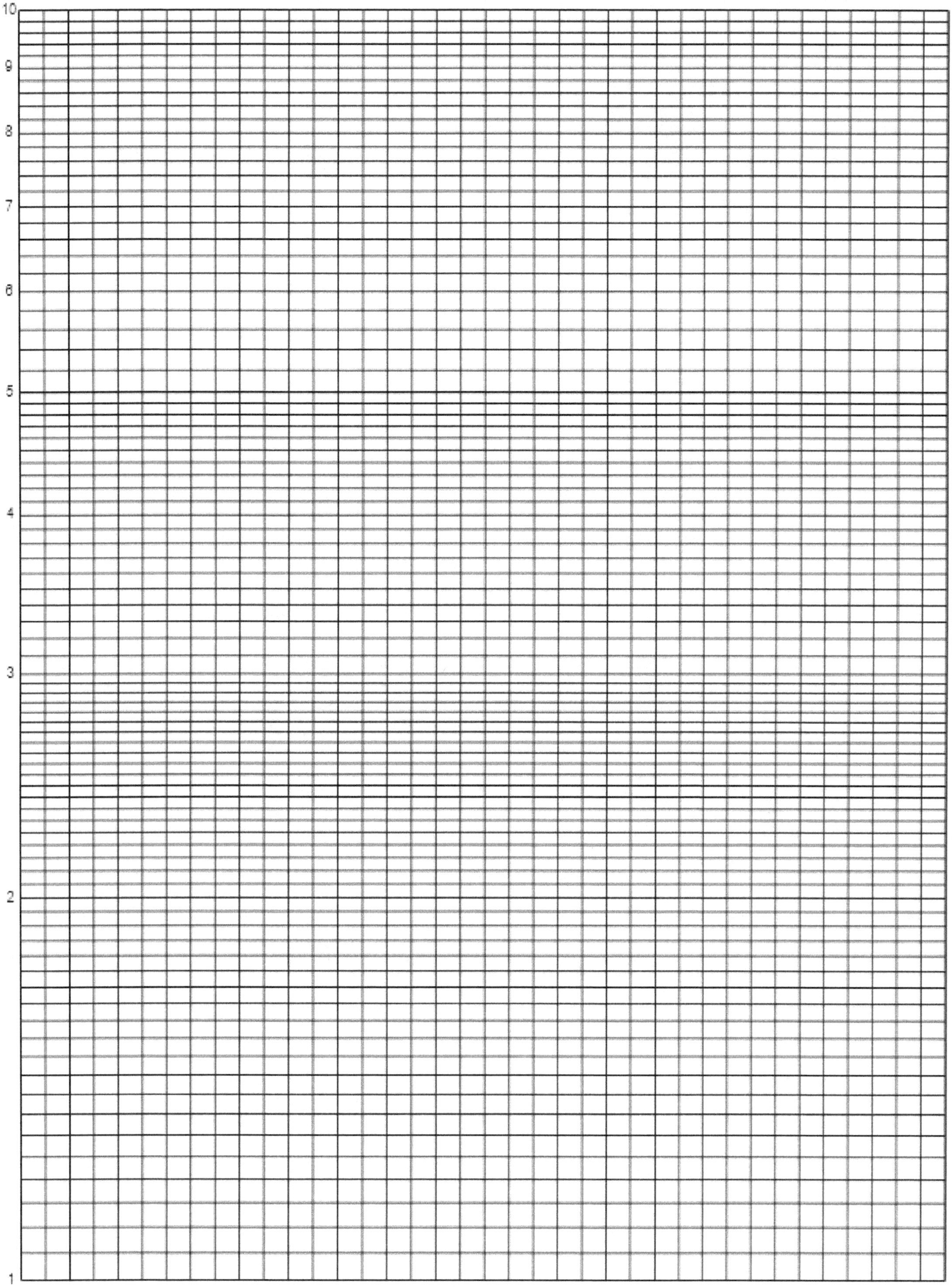
10
9
8
7
6
5
4
3
2
1

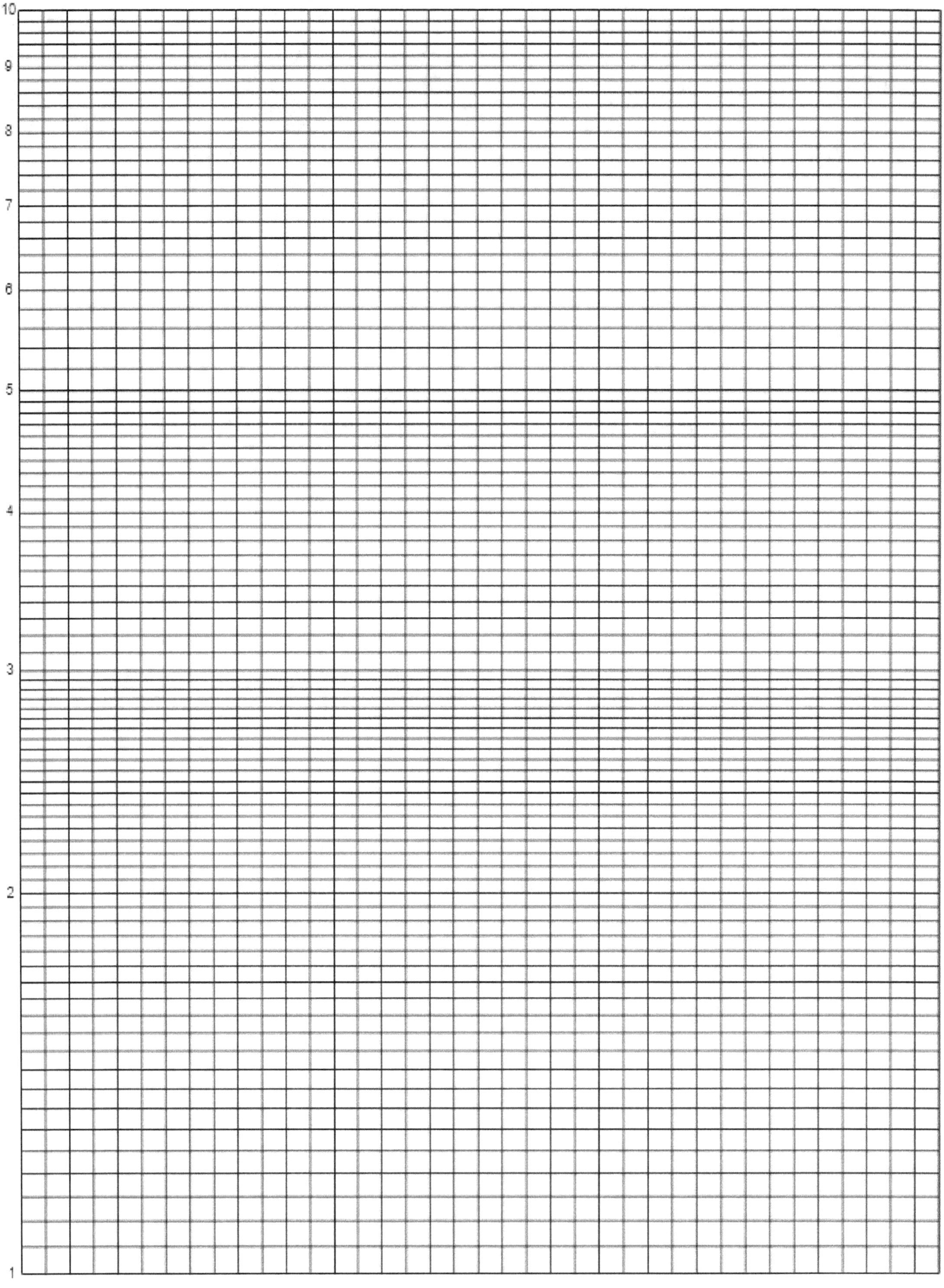
10
9
8
7
6
5
4
3
2
1

10
9
8
7
6
5
4
3
2
1

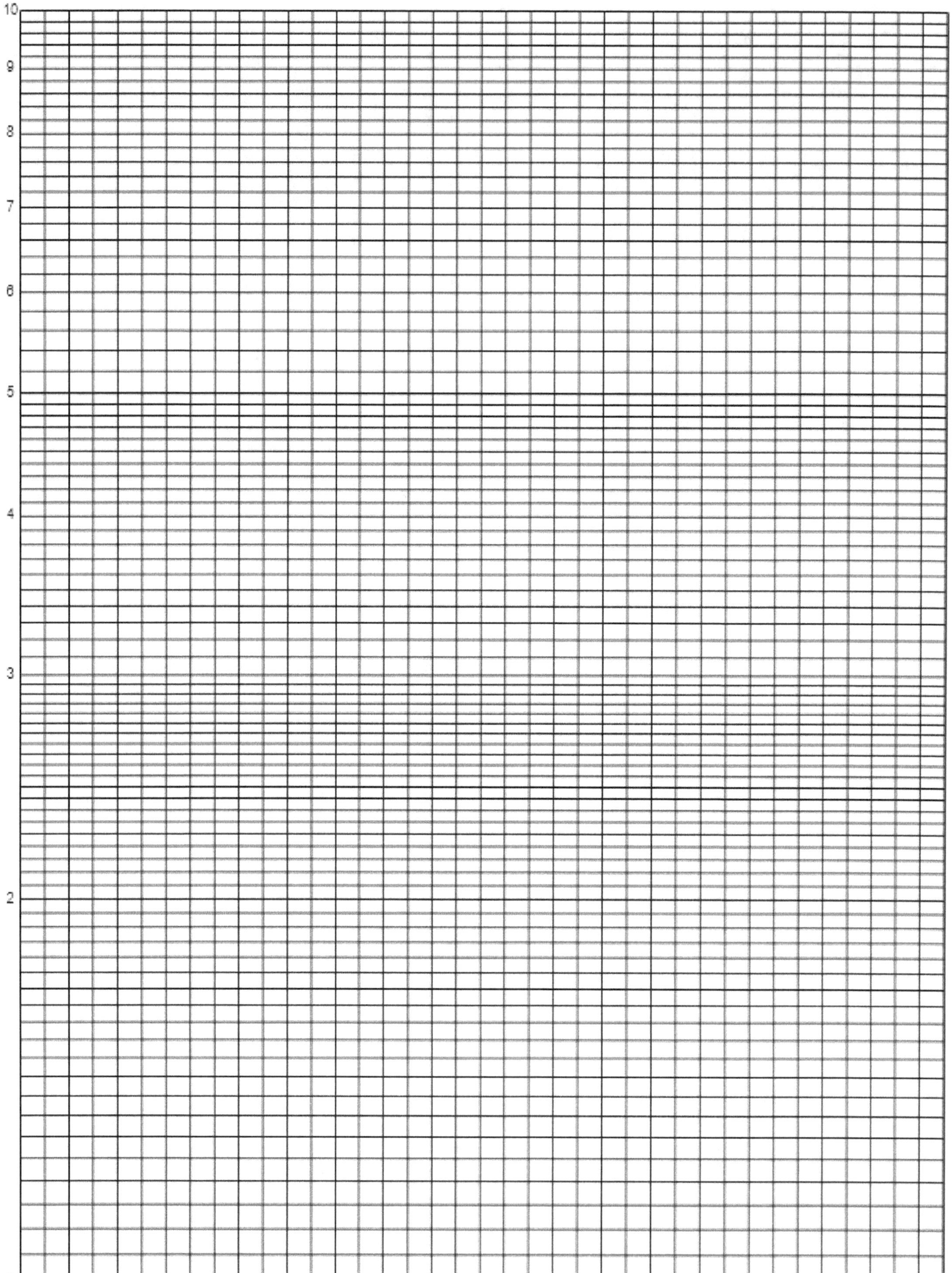
10
9
8
7
6
5
4
3
2
1

10
9
8
7
6
5
4
3
2
1

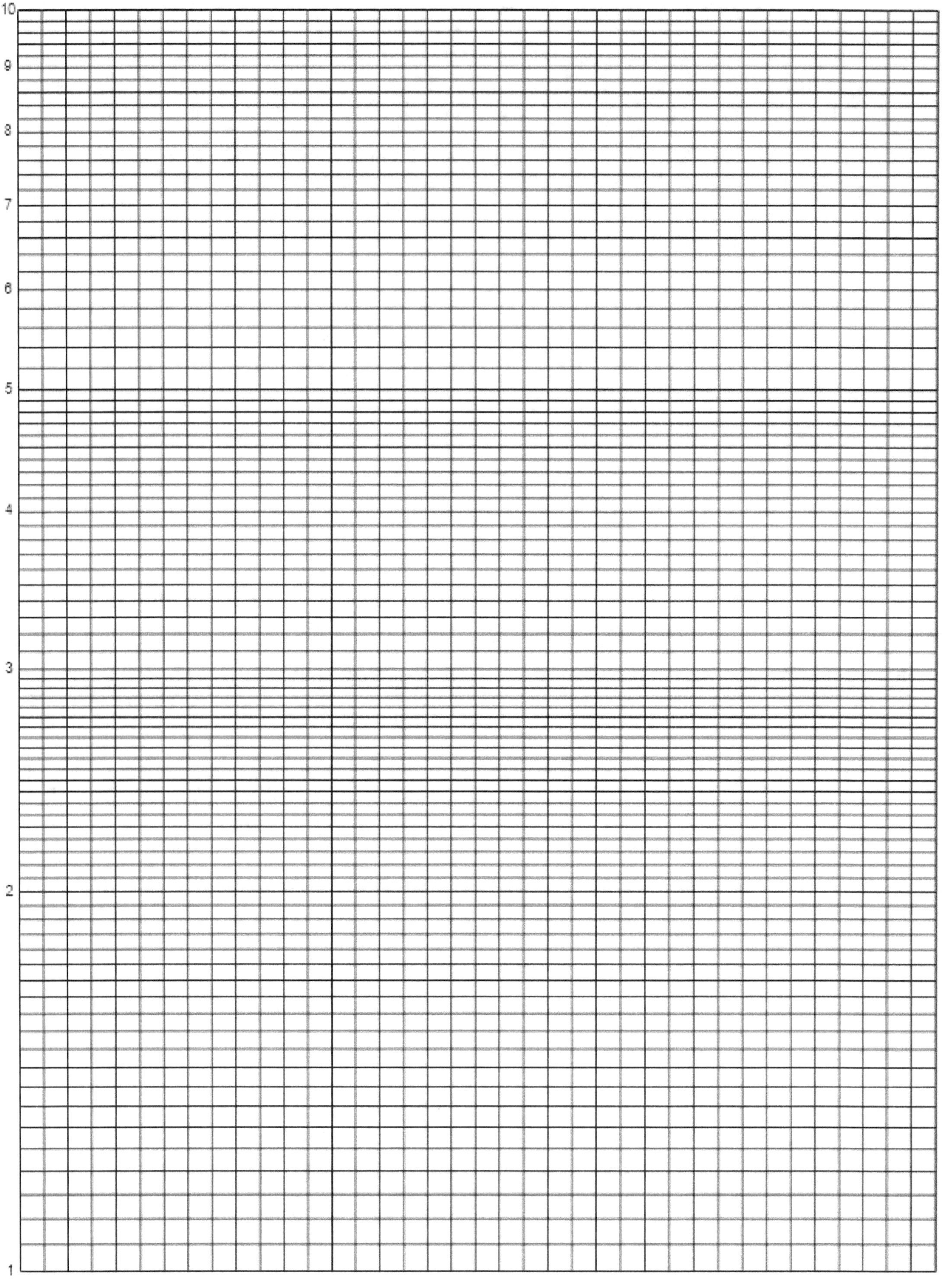
10
9
8
7
6
5
4
3
2
1

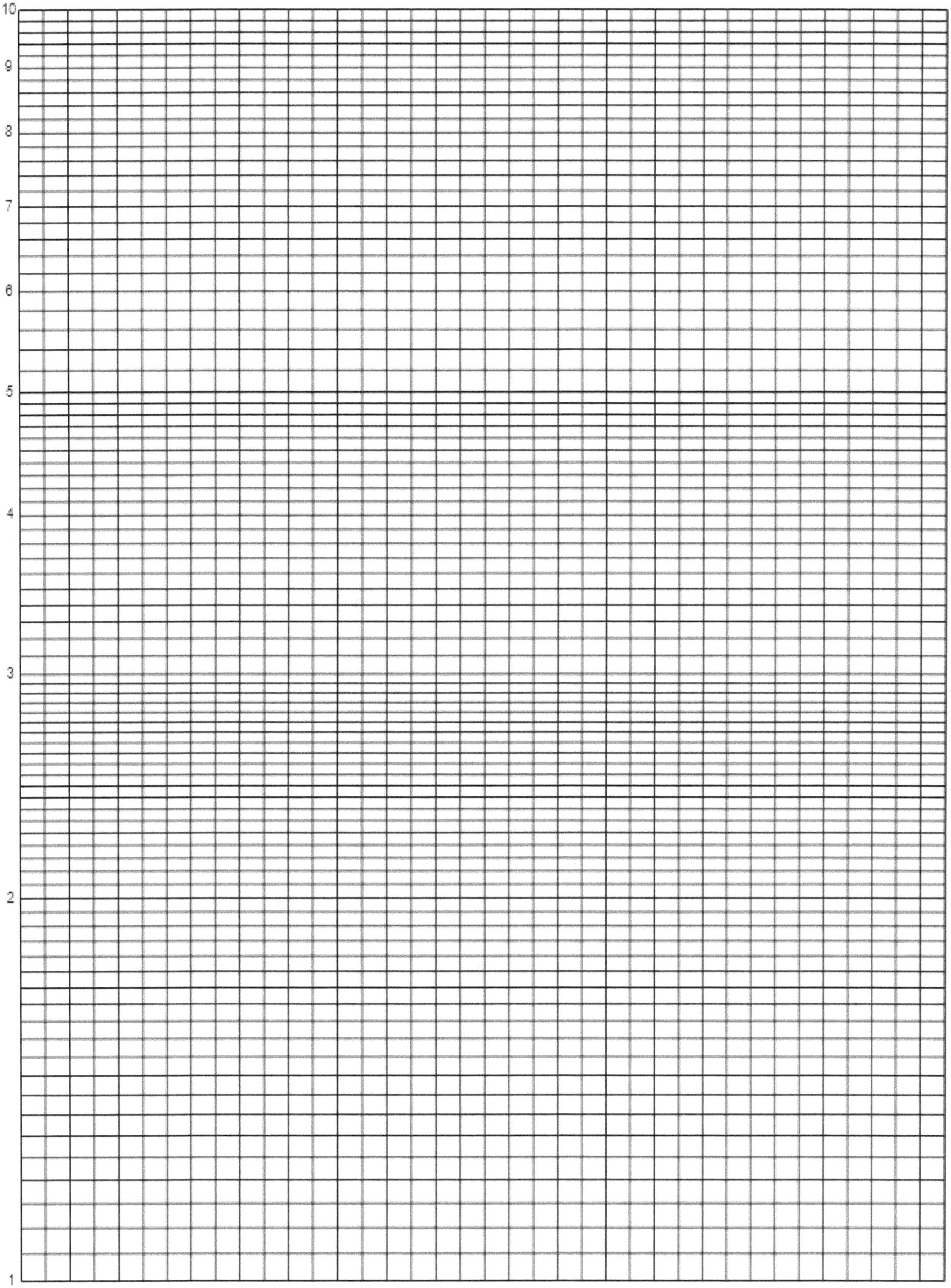
10
9
8
7
6
5
4
3
2
1

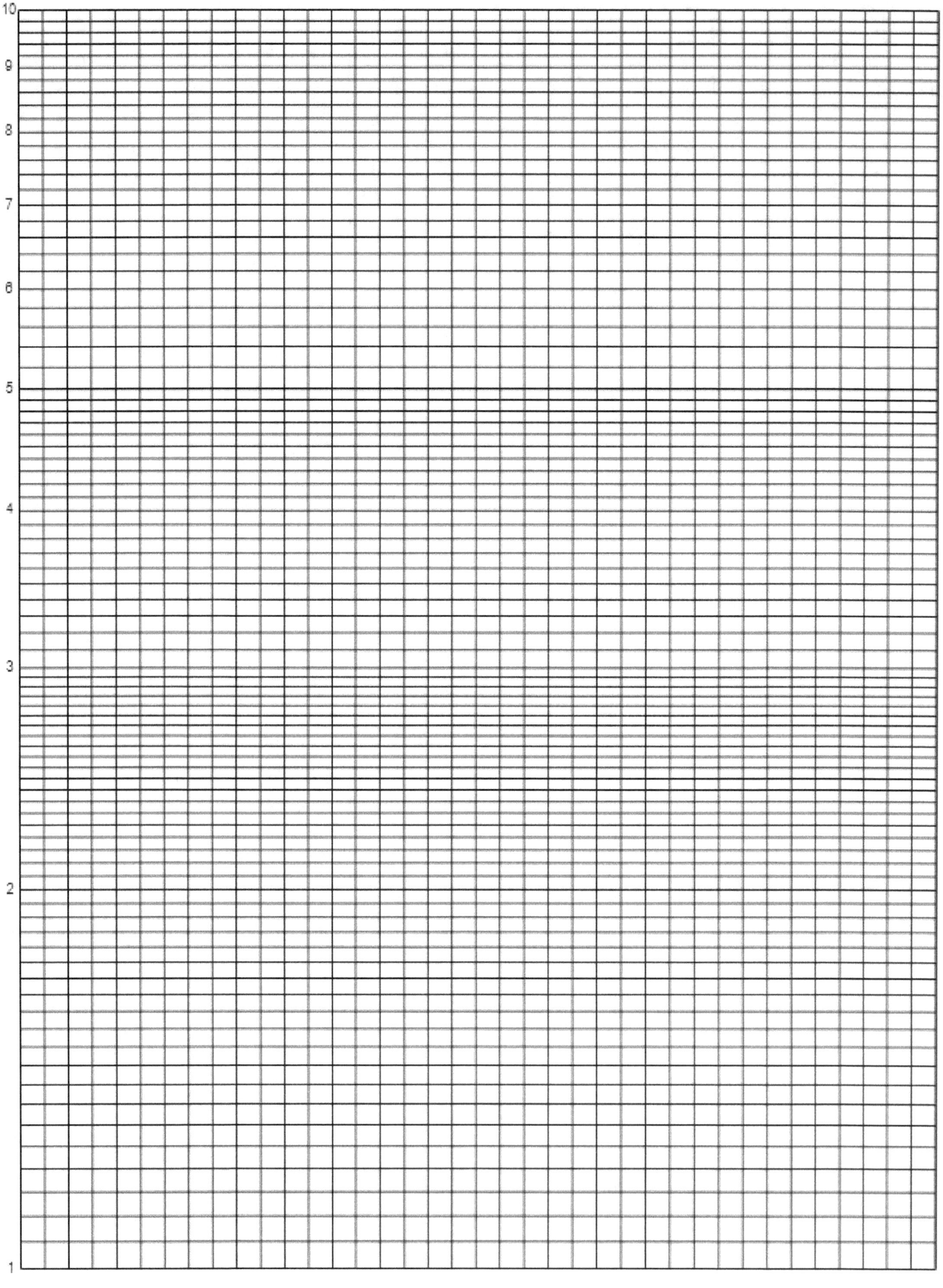
10
9
8
7
6
5
4
3
2
1

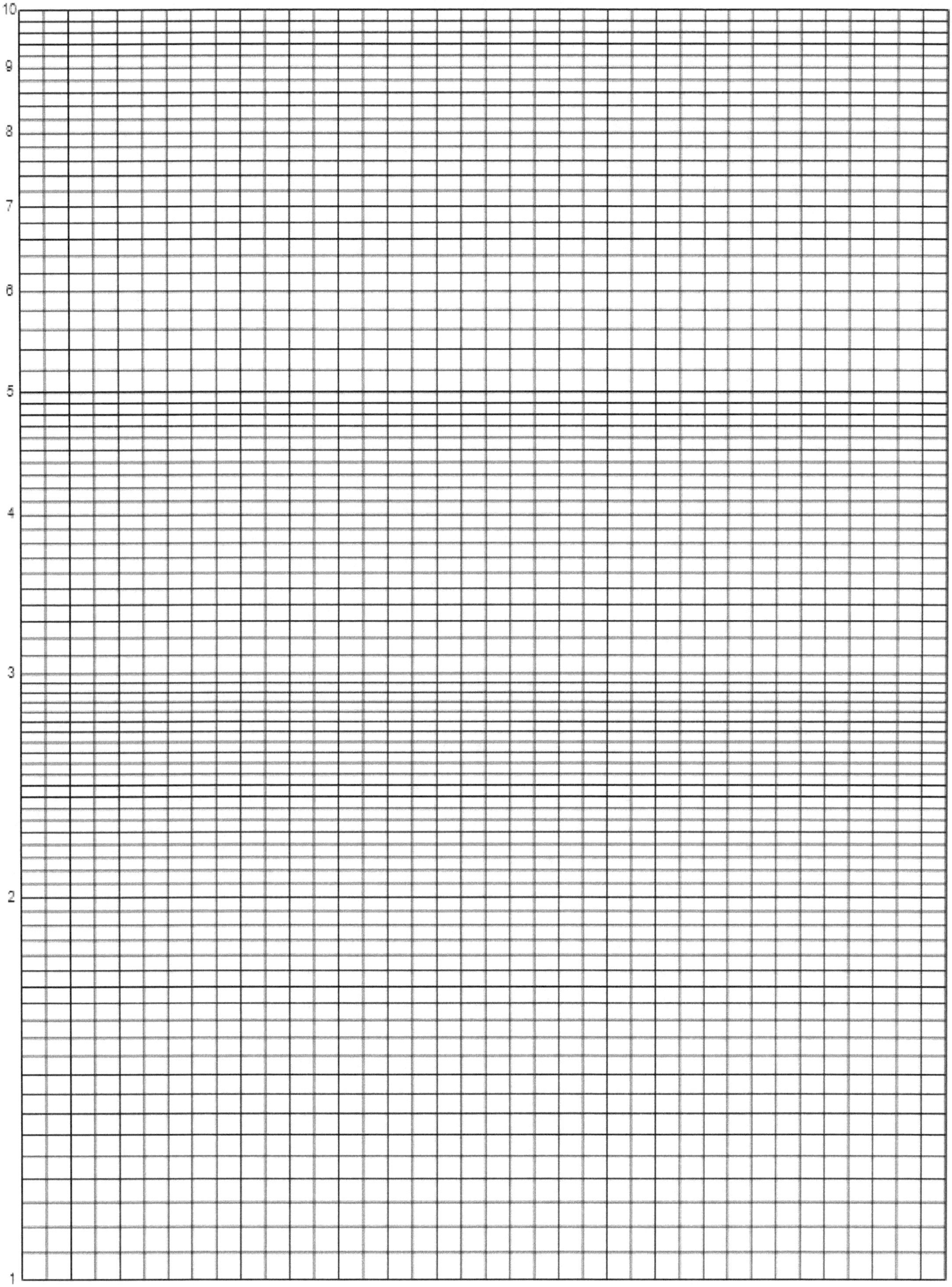
10
9
8
7
6
5
4
3
2
1

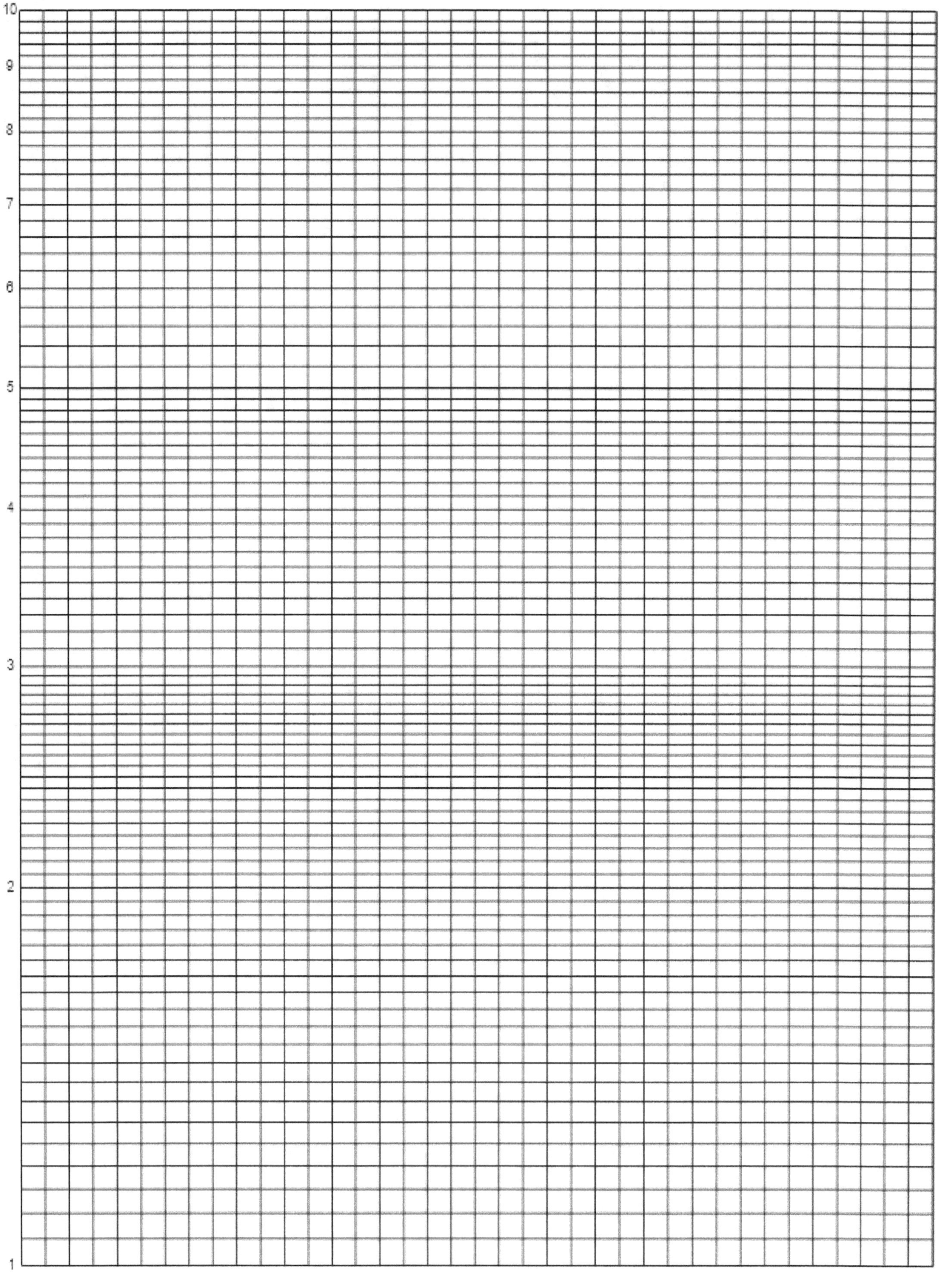
10
9
8
7
6
5
4
3
2
1

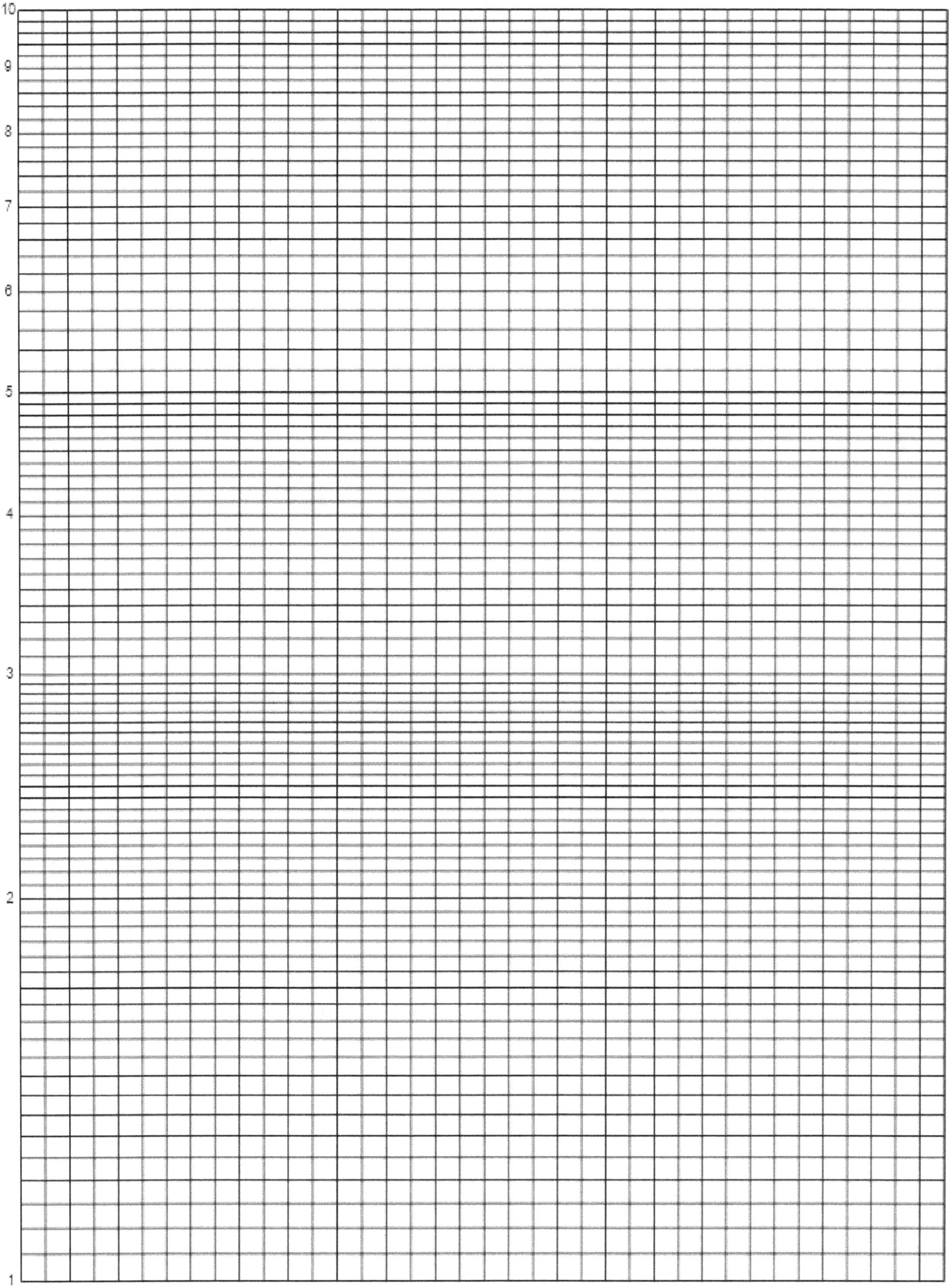
10
9
8
7
6
5
4
3
2
1

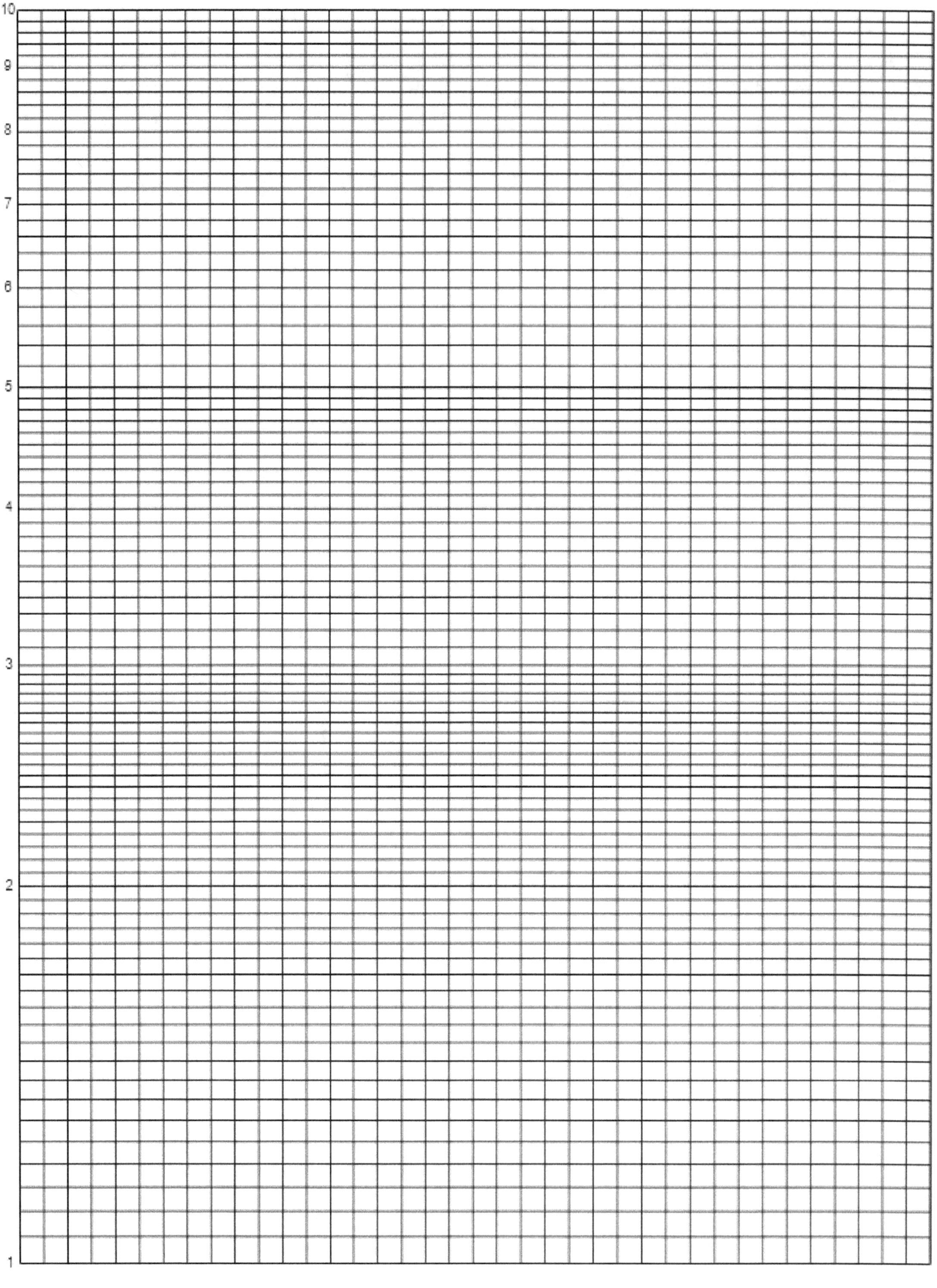
10
9
8
7
6
5
4
3
2
1

10
9
8
7
6
5
4
3
2
1

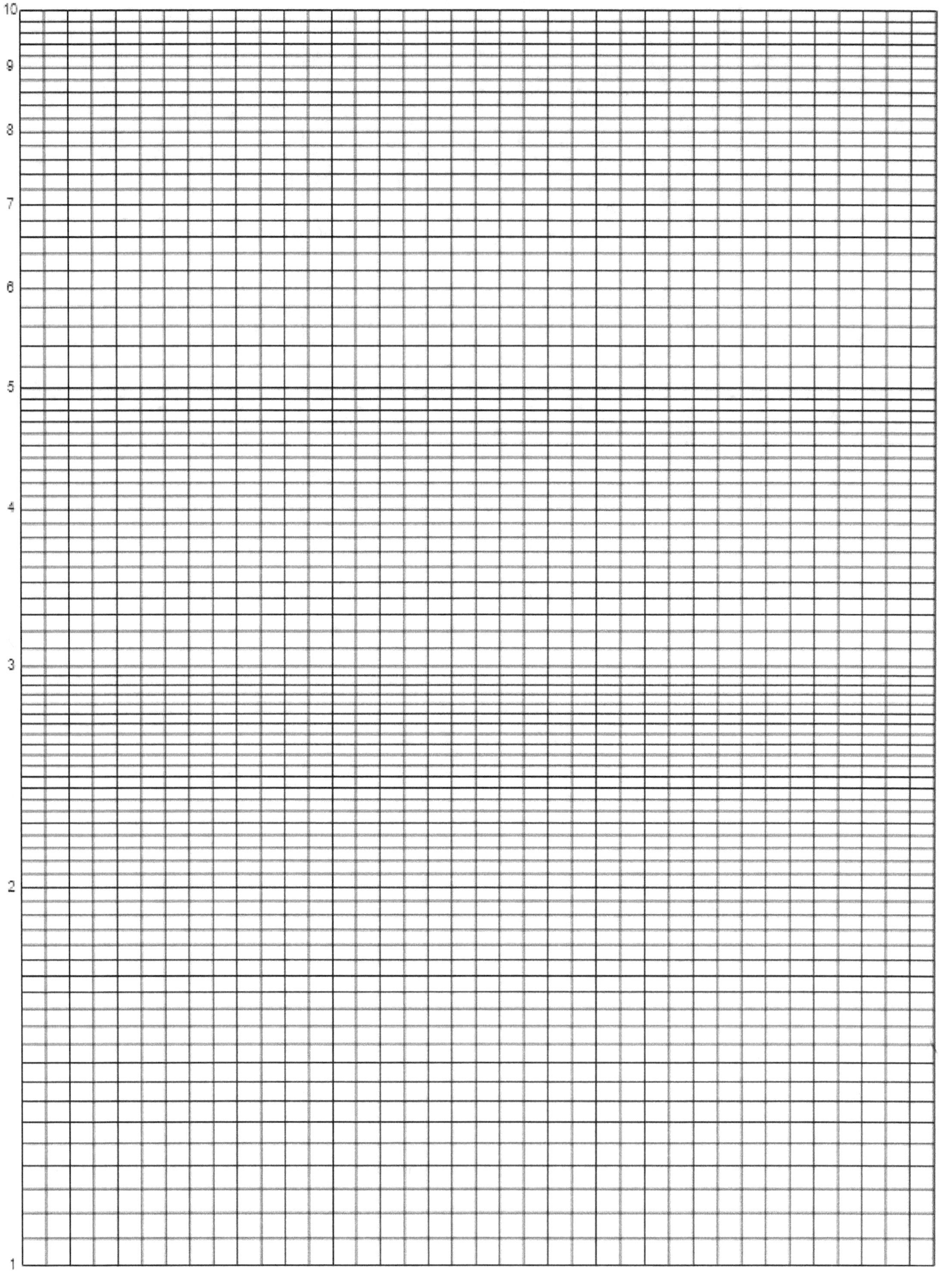
10
9
8
7
6
5
4
3
2
1

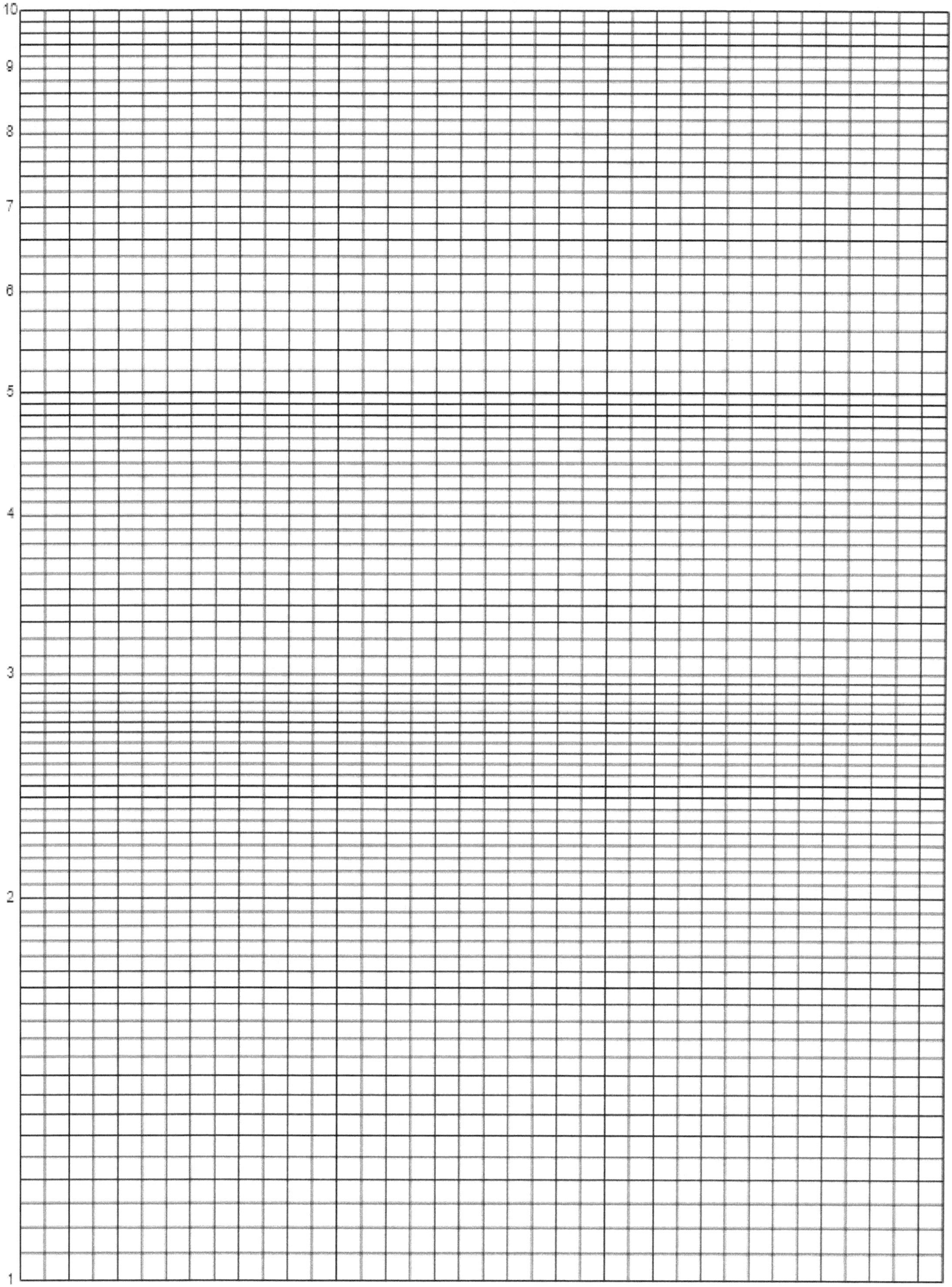
10
9
8
7
6
5
4
3
2
1

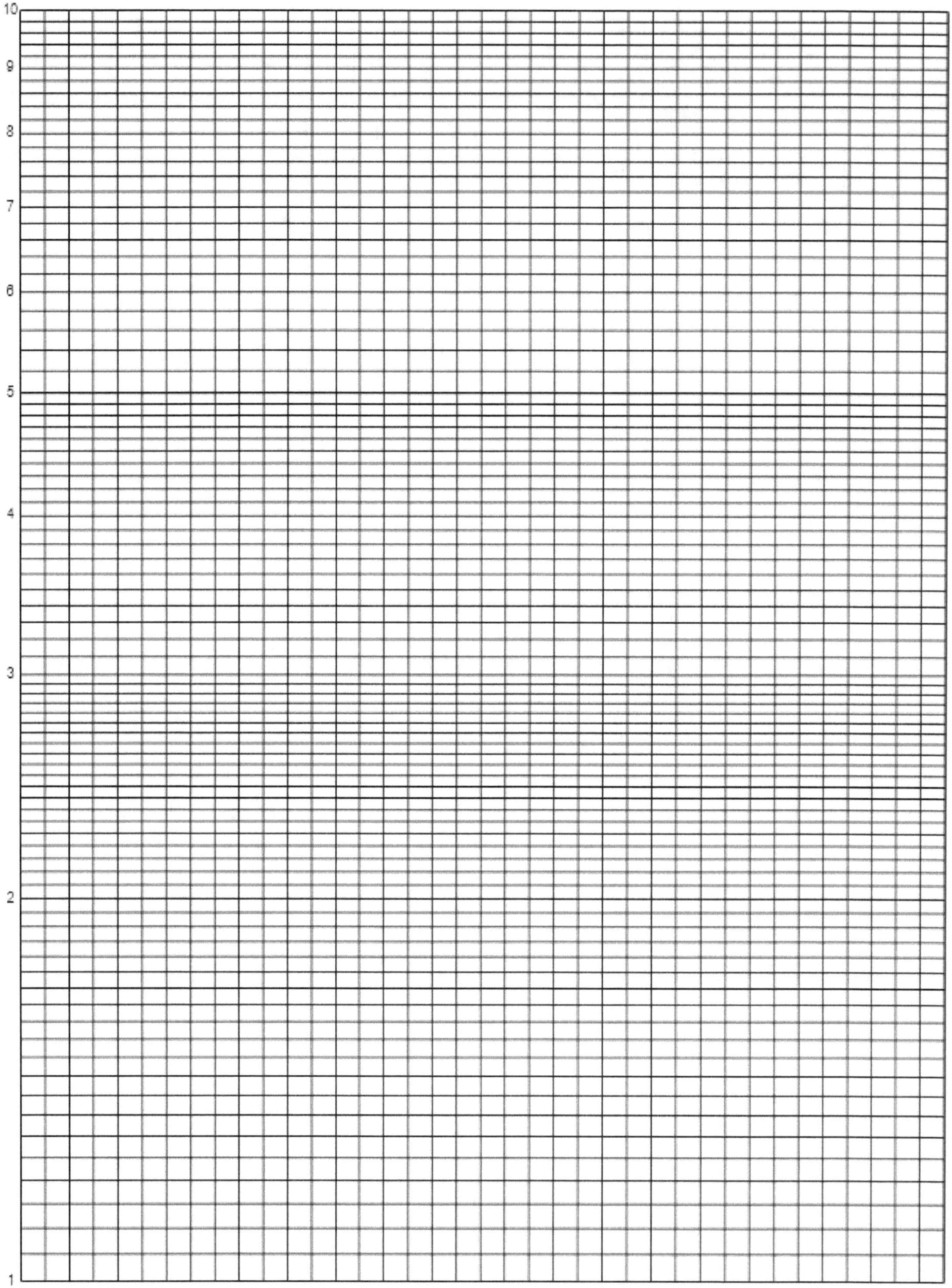
10
9
8
7
6
5
4
3
2
1

10
9
8
7
6
5
4
3
2
1

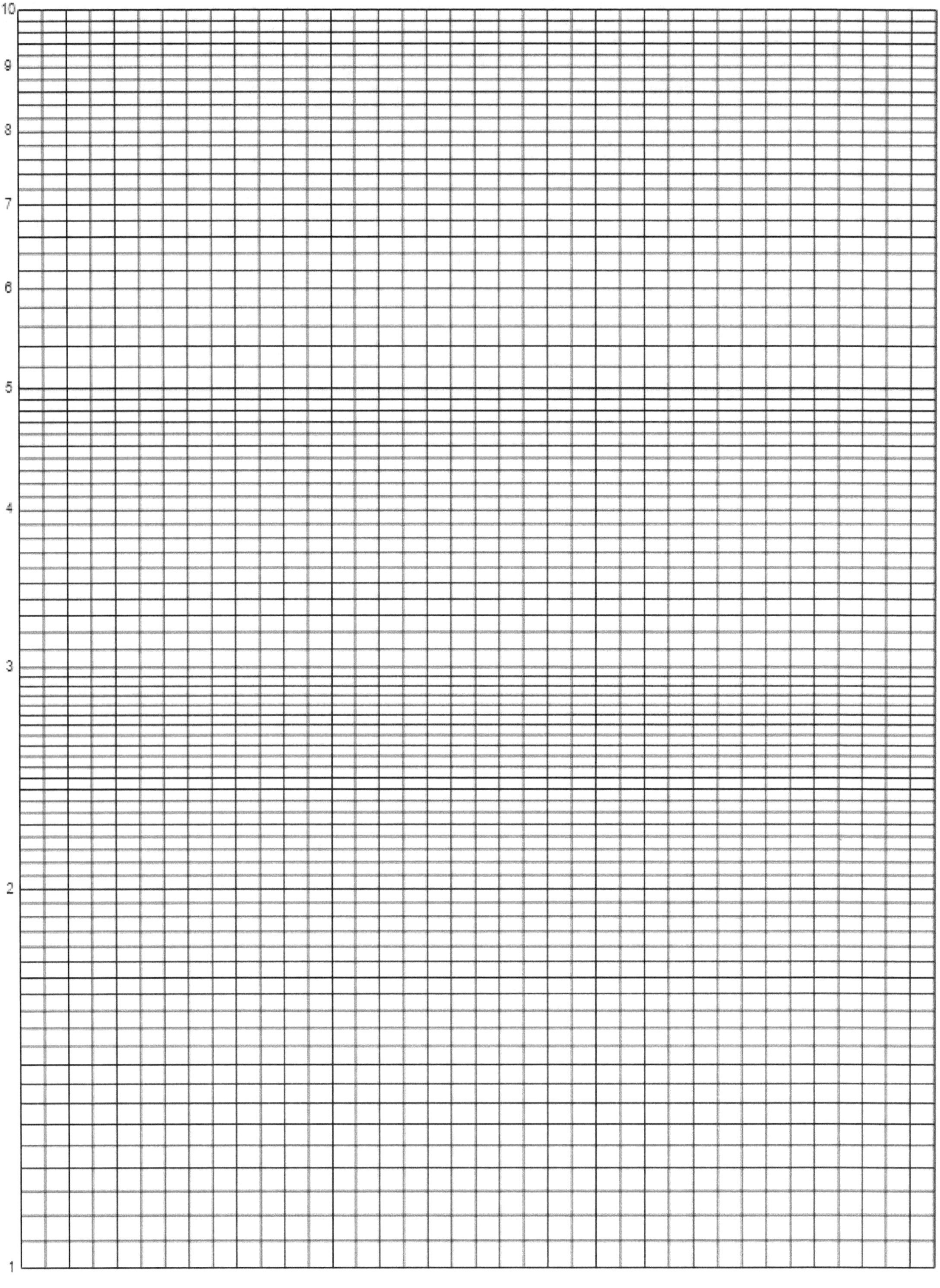
10
9
8
7
6
5
4
3
2
1

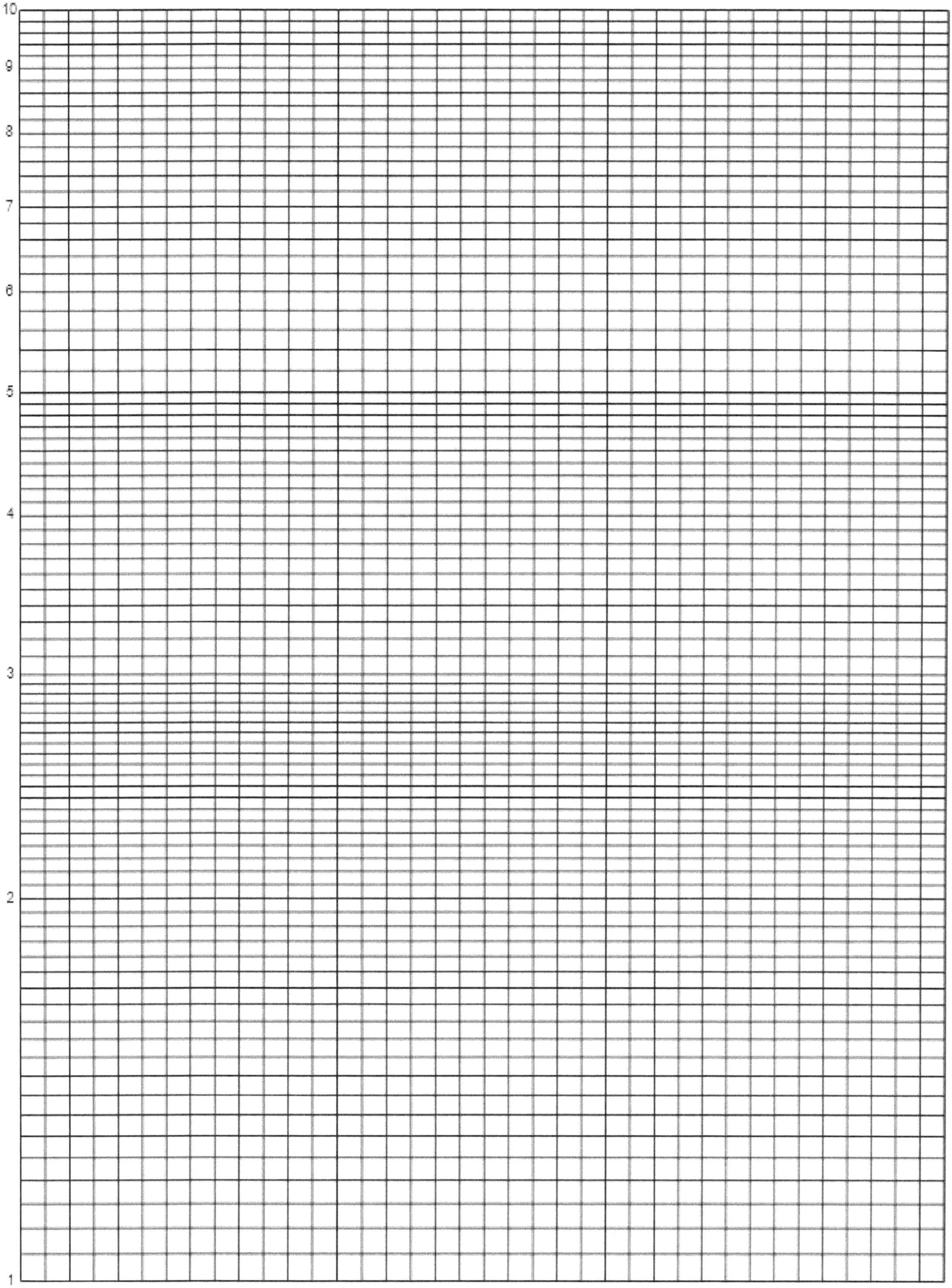
10
9
8
7
6
5
4
3
2
1

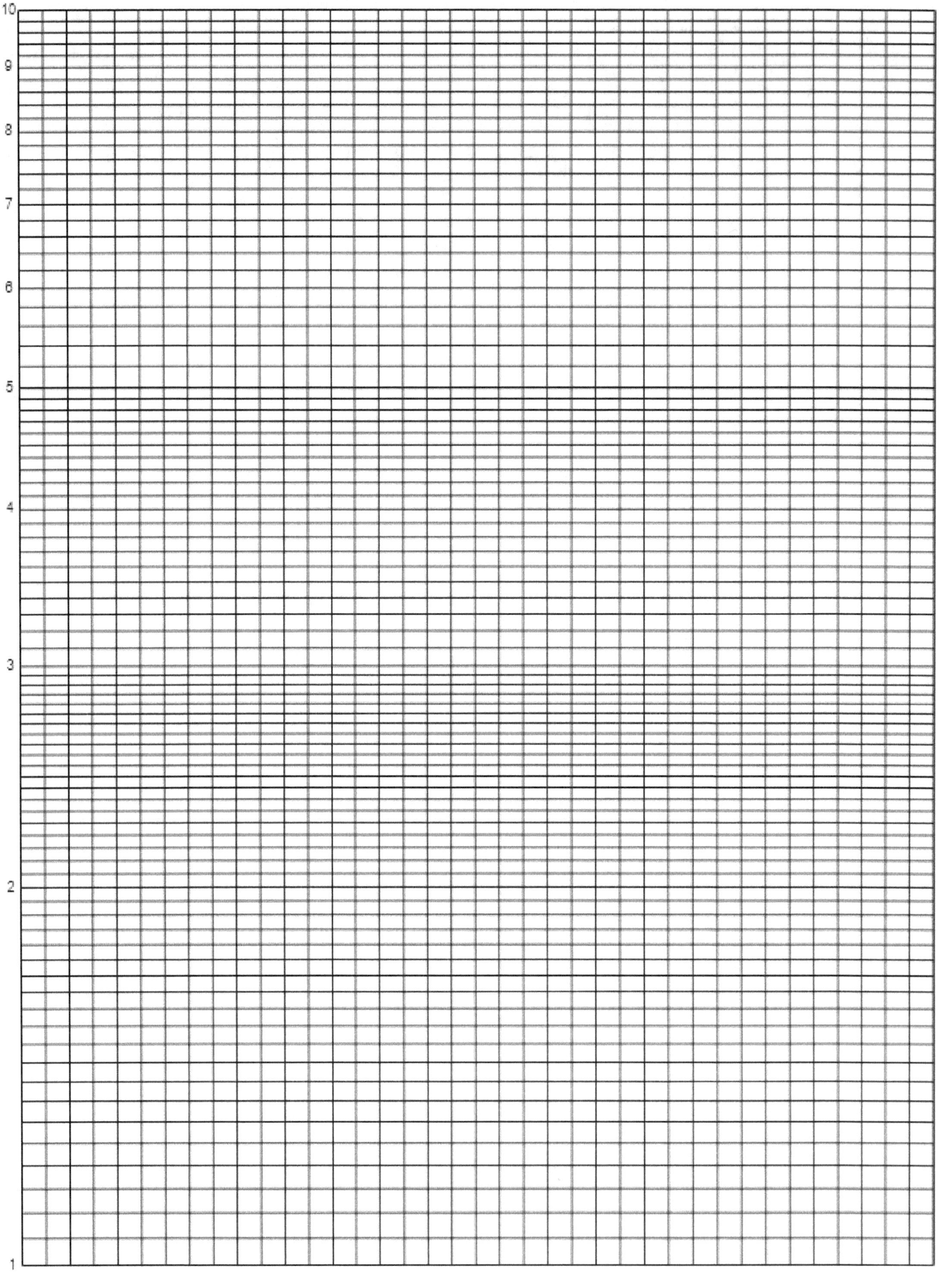
10
9
8
7
6
5
4
3
2
1

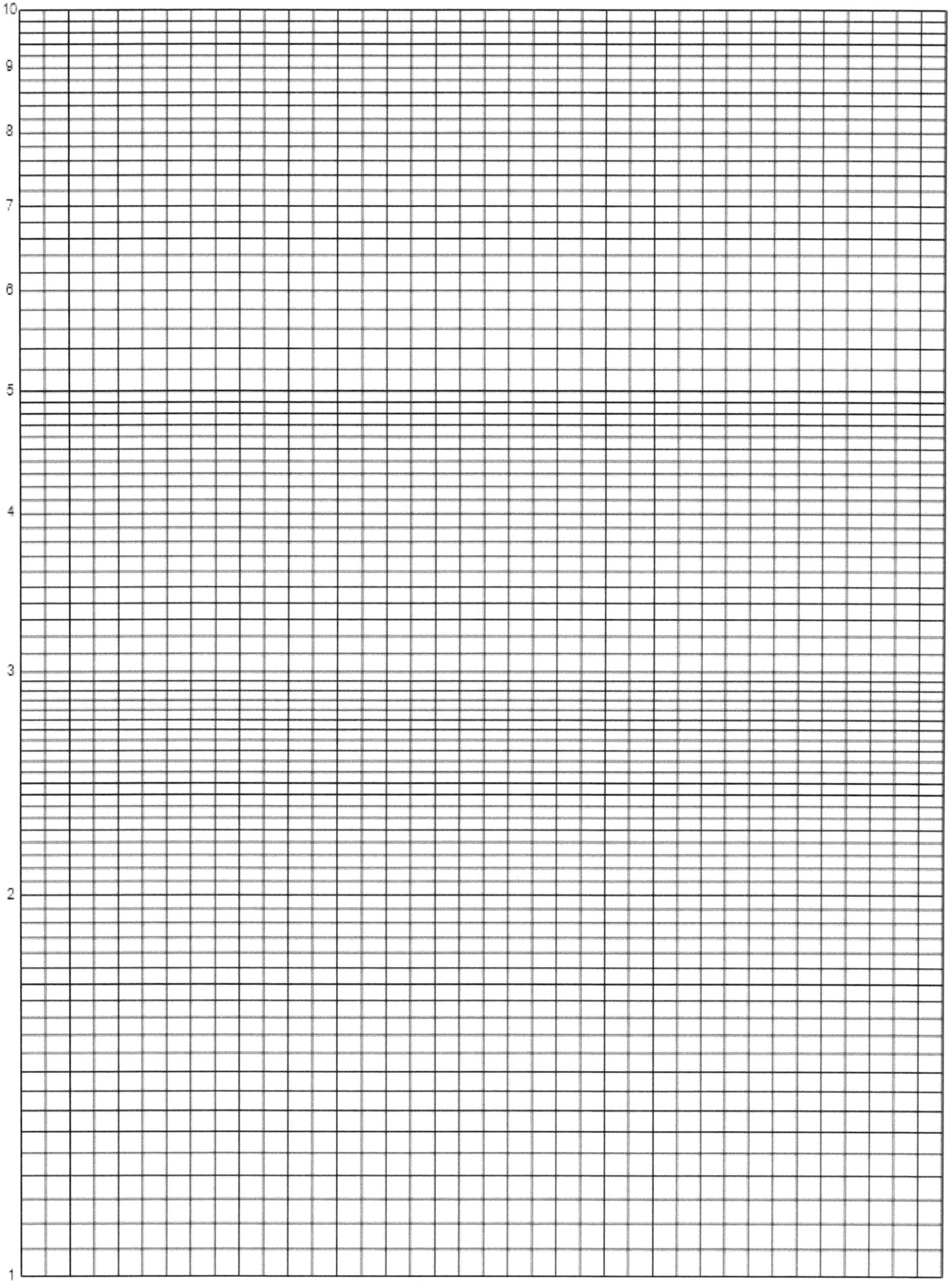
10
9
8
7
6
5
4
3
2
1

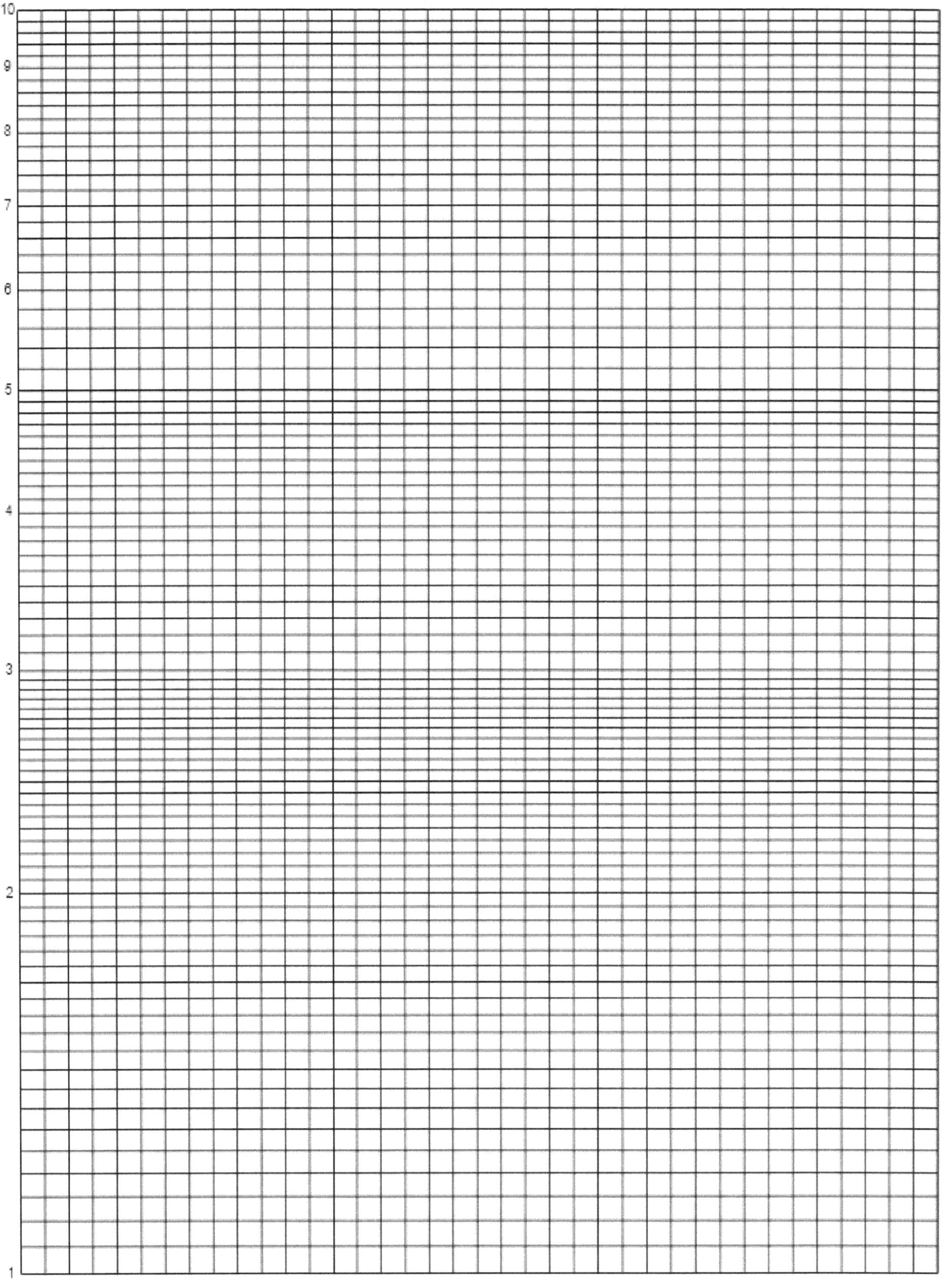
10
9
8
7
6
5
4
3
2
1

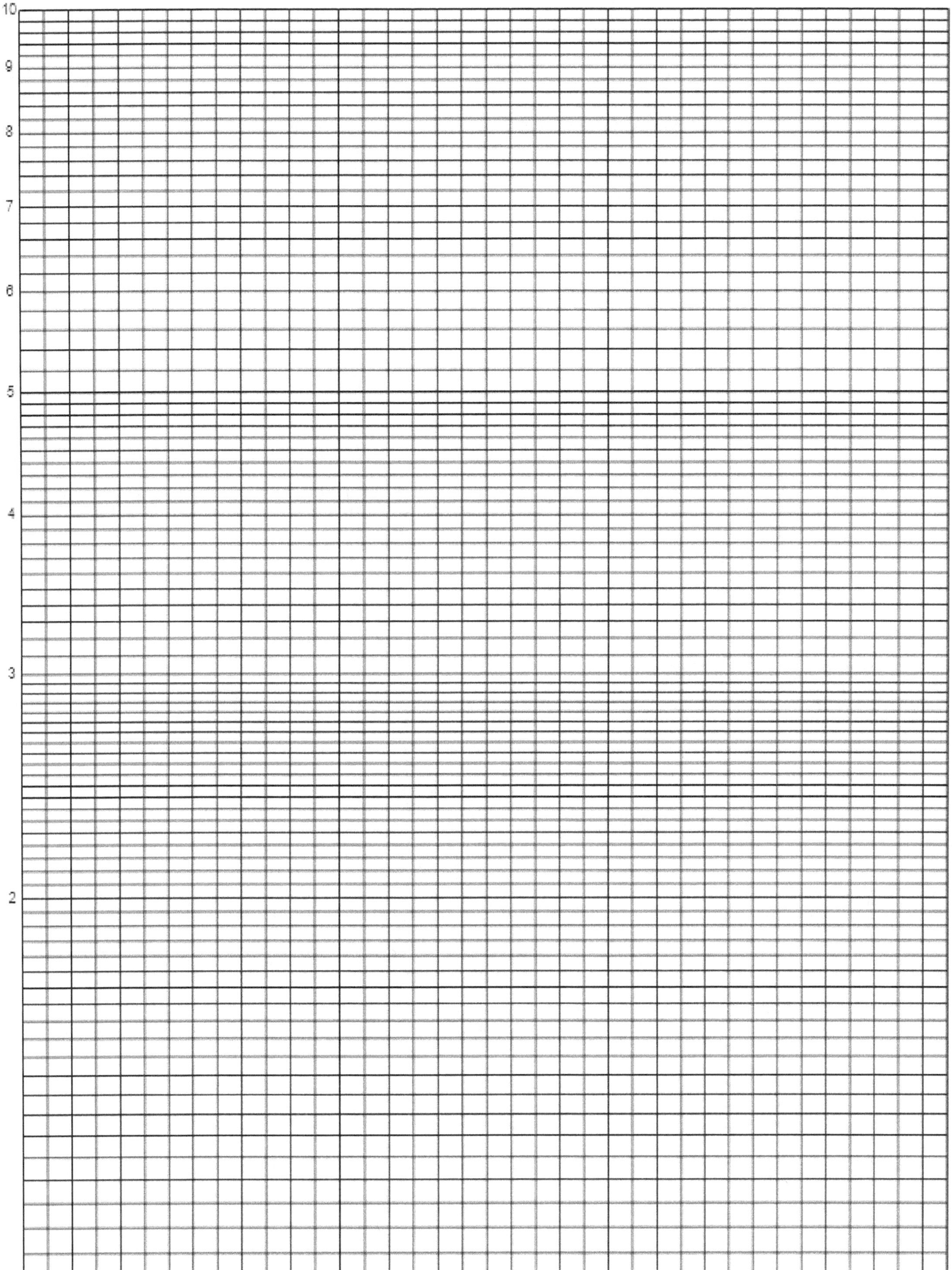
10
9
8
7
6
5
4
3
2
1

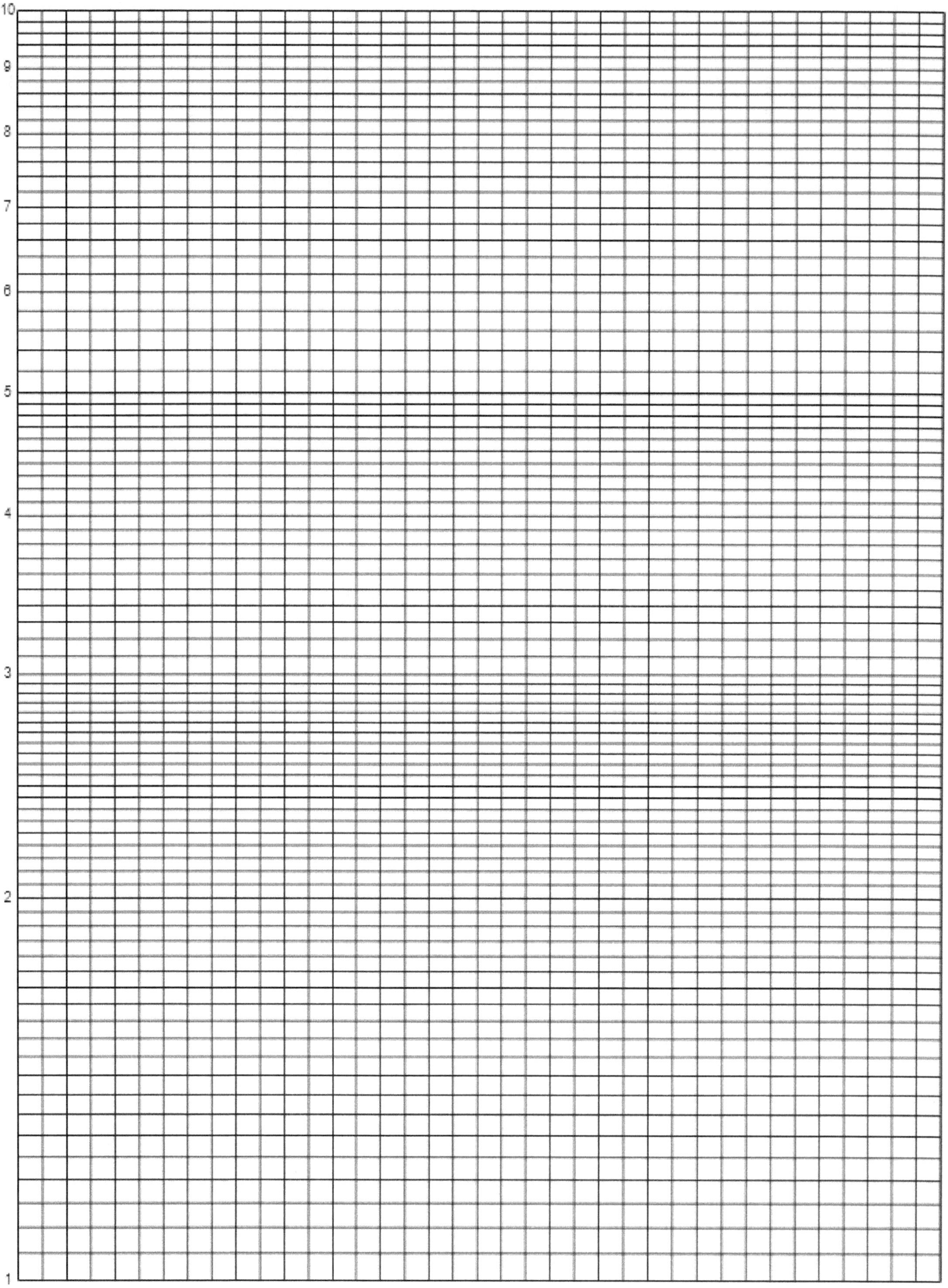
10
9
8
7
6
5
4
3
2
1

10
9
8
7
6
5
4
3
2
1

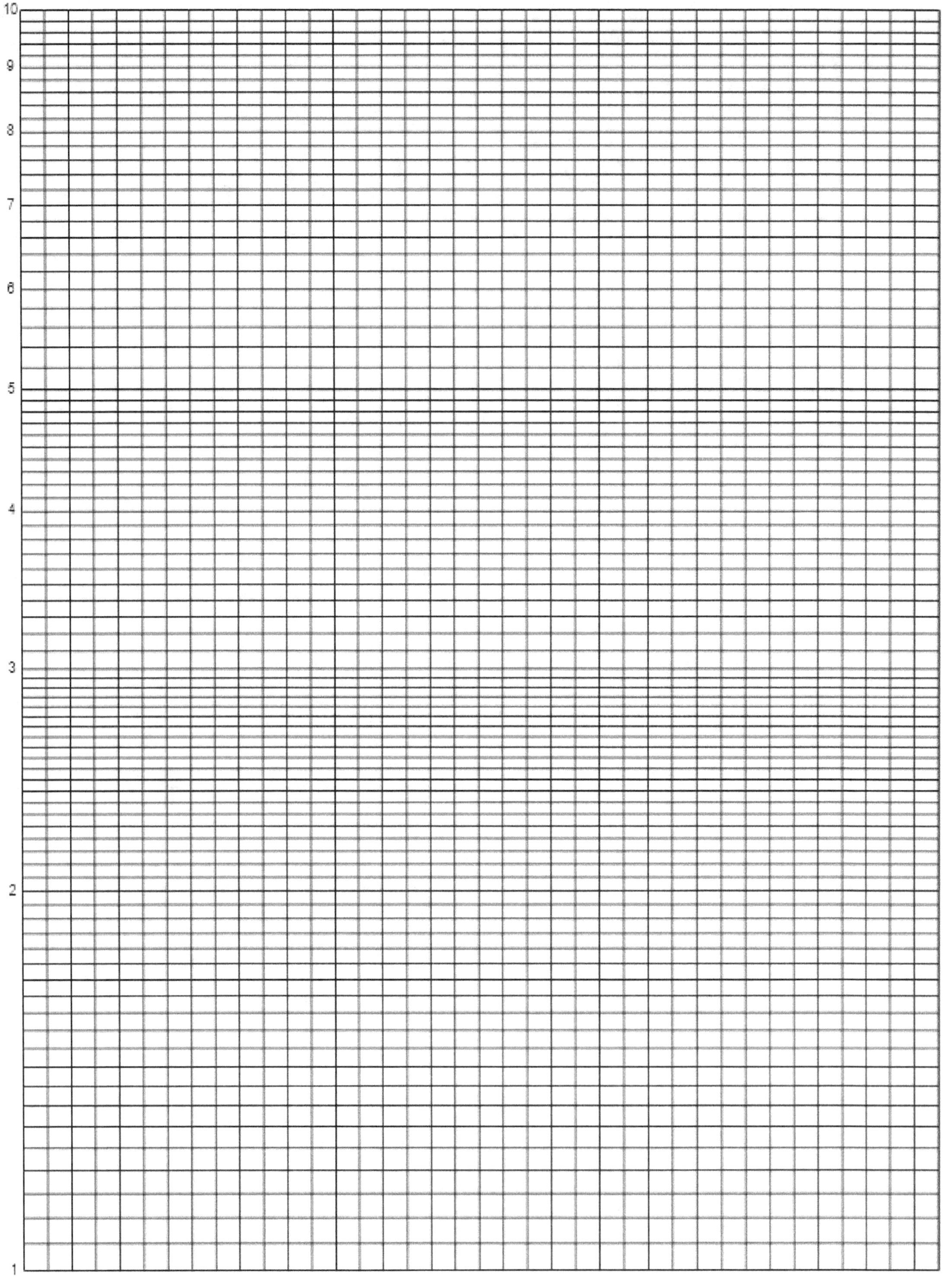
10
9
8
7
6
5
4
3
2
1

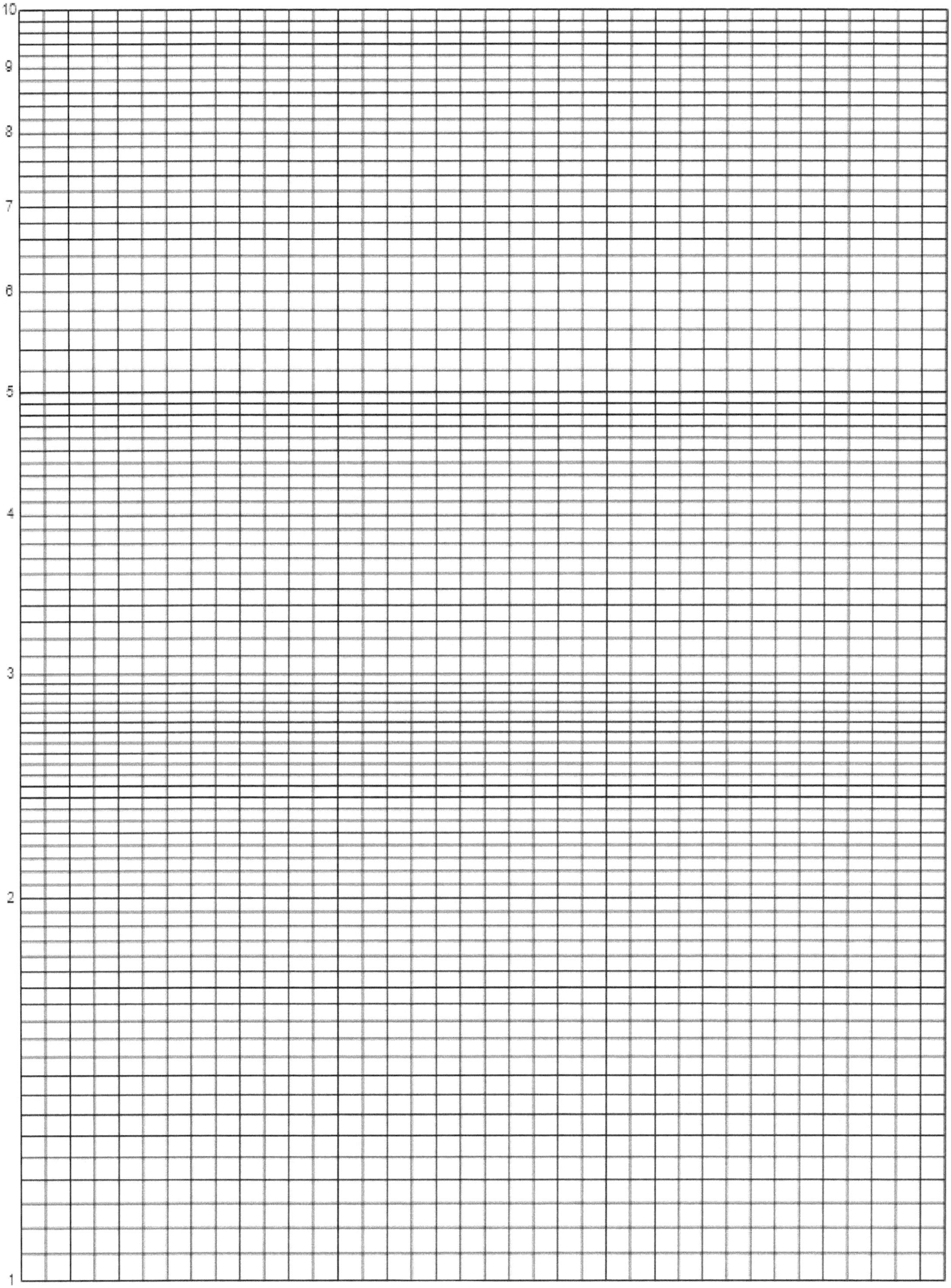
10
9
8
7
6
5
4
3
2
1

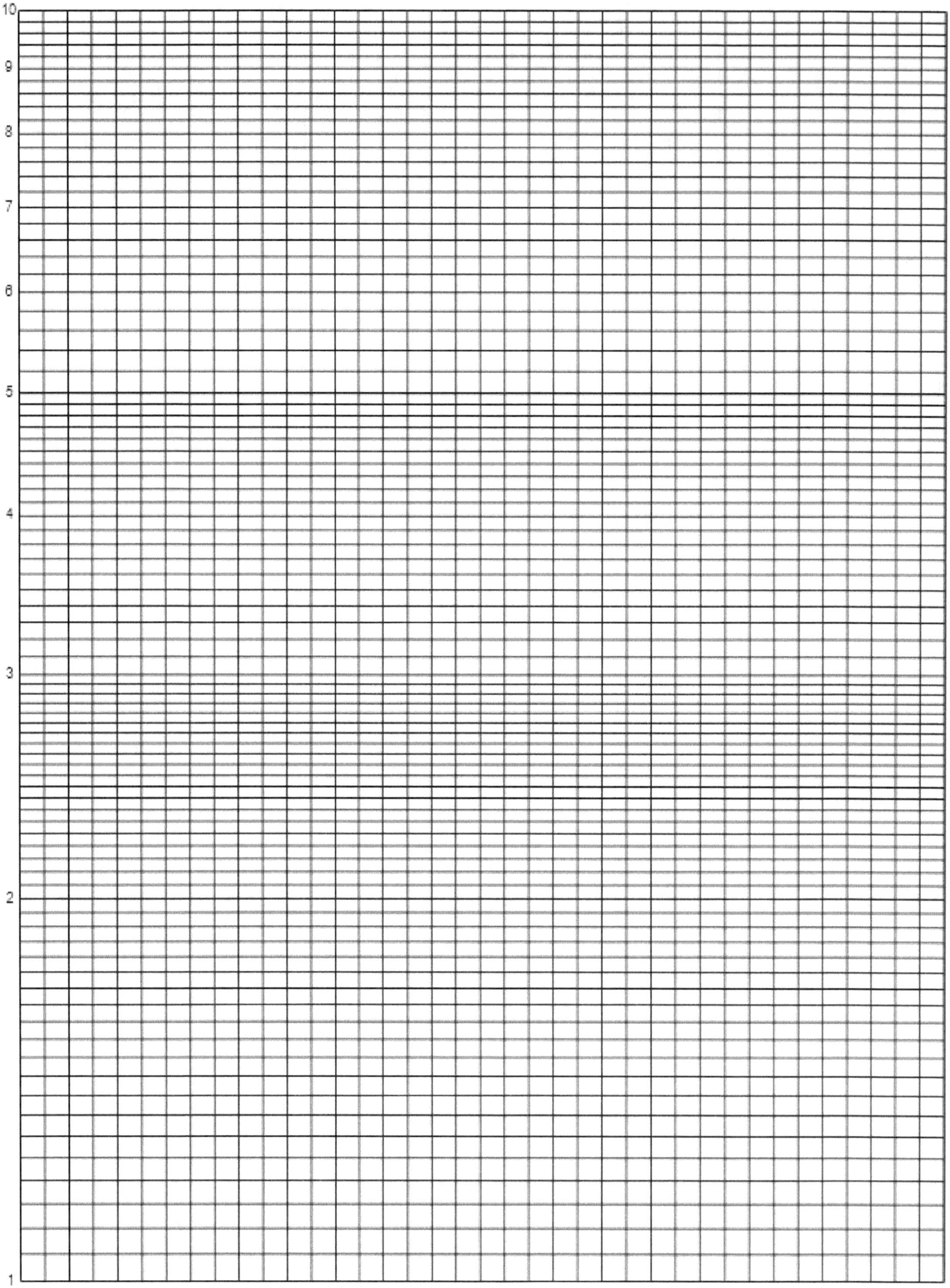
10
9
8
7
6
5
4
3
2
1

10
9
8
7
6
5
4
3
2
1

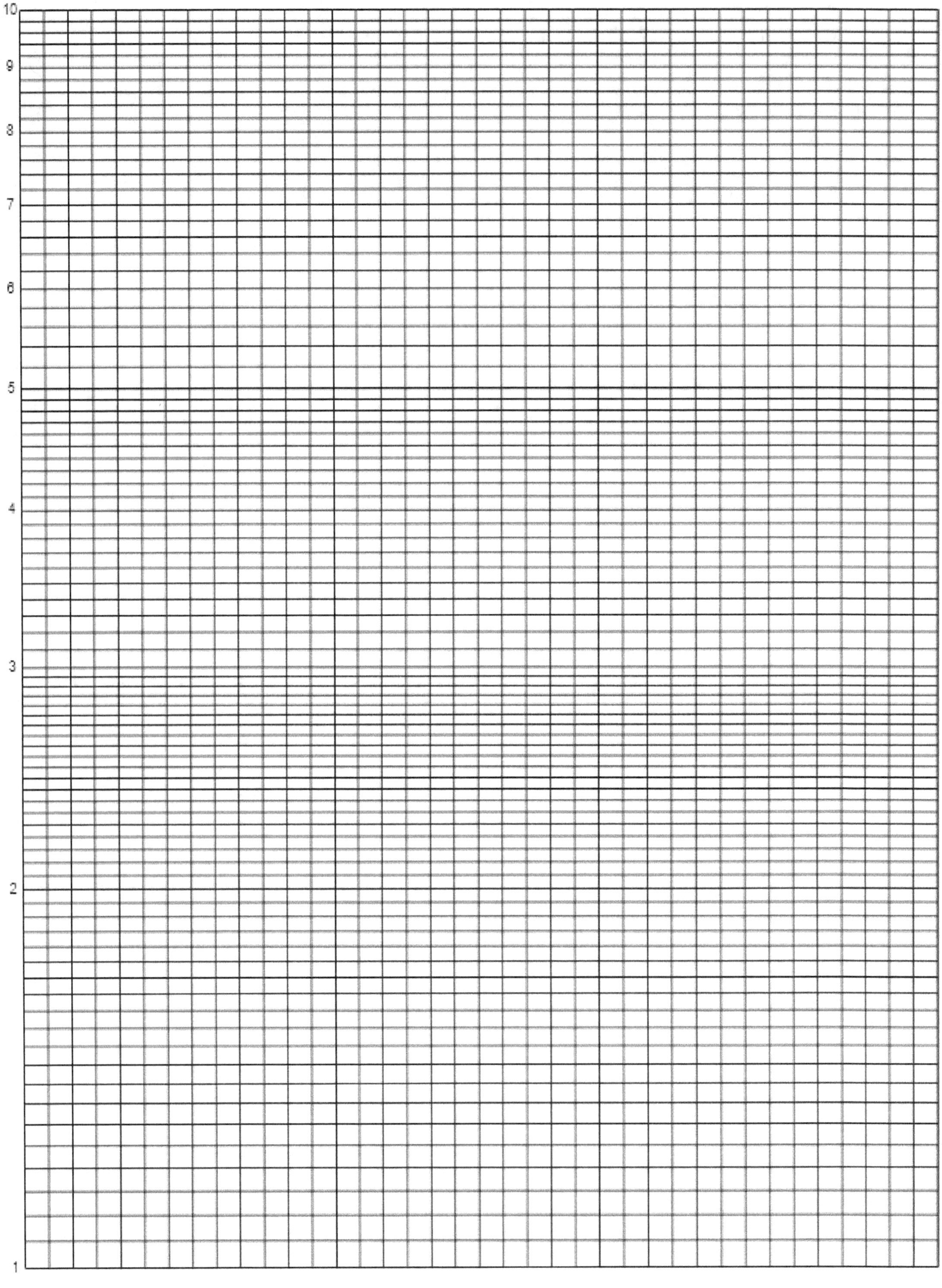
10
9
8
7
6
5
4
3
2
1

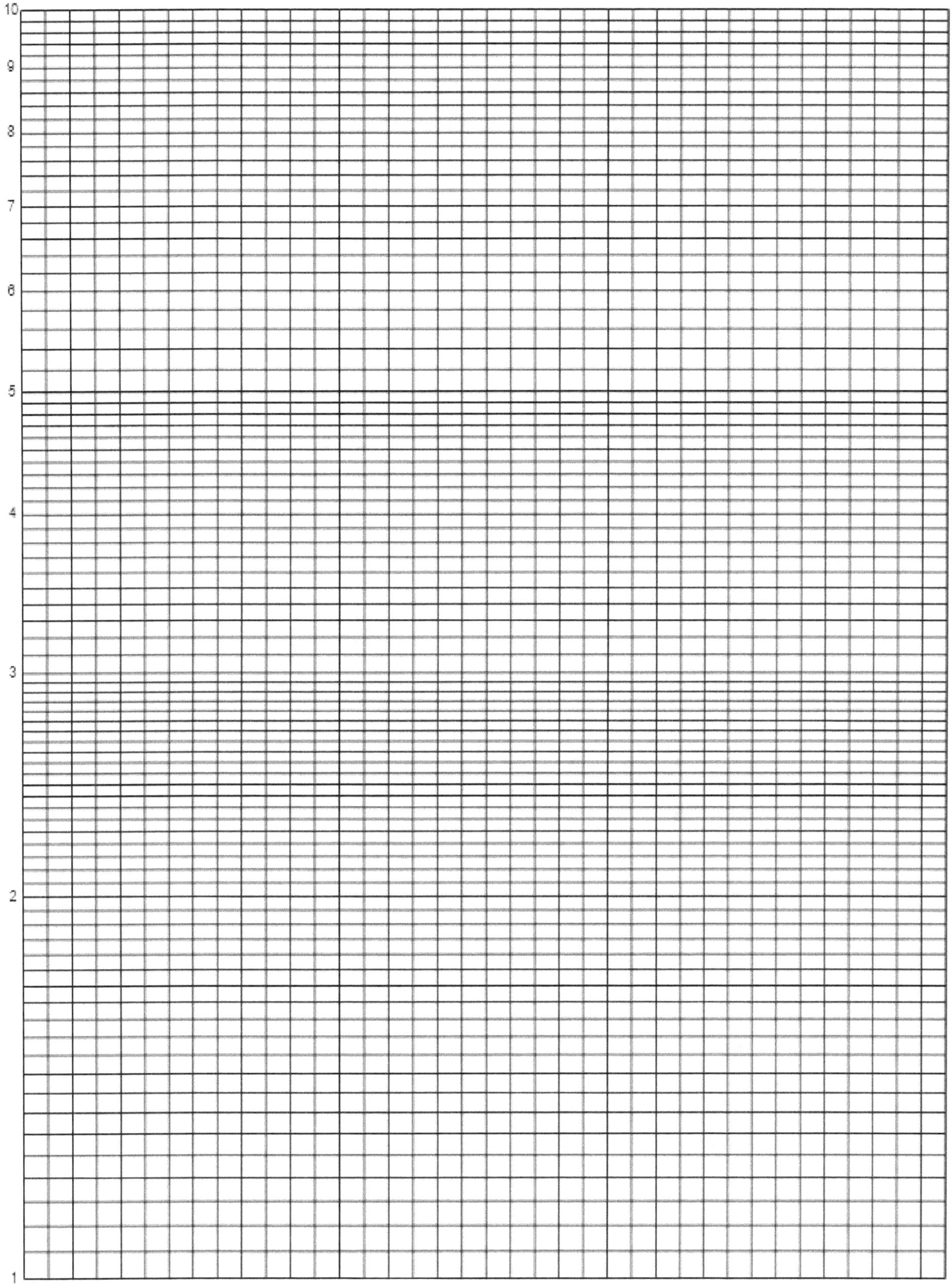
10
9
8
7
6
5
4
3
2
1

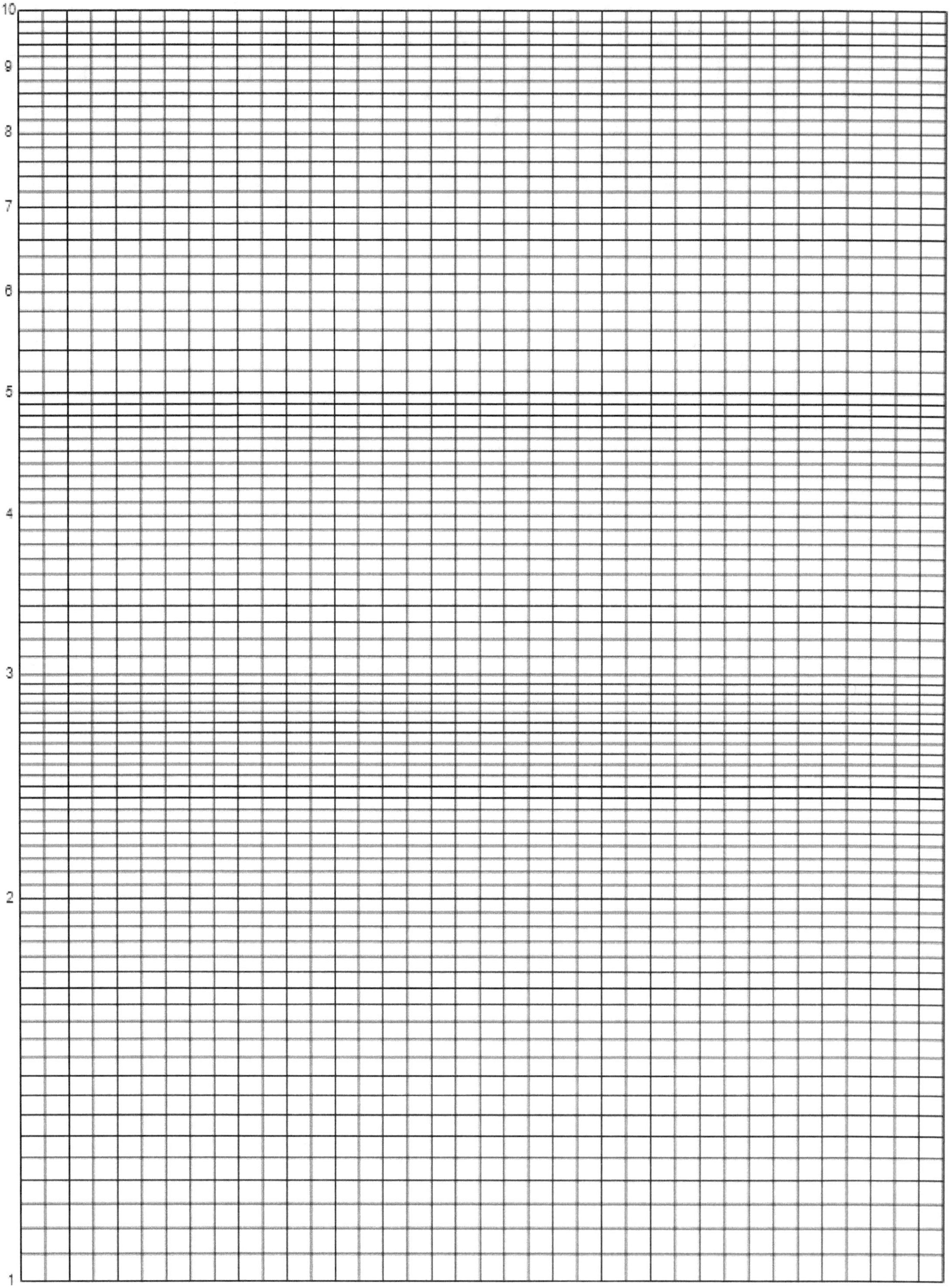
10
9
8
7
6
5
4
3
2
1

10
9
8
7
6
5
4
3
2
1

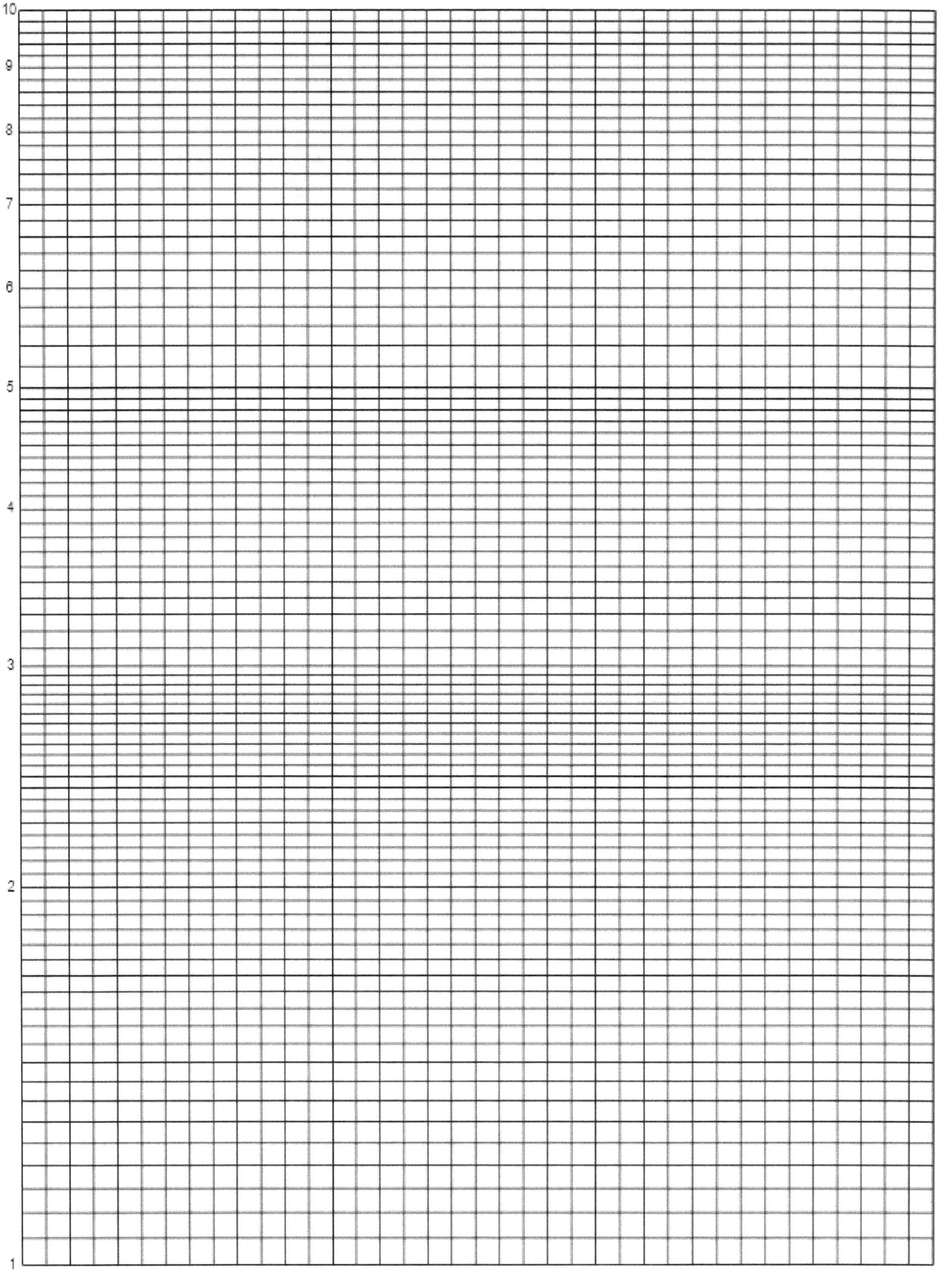
10
9
8
7
6
5
4
3
2
1

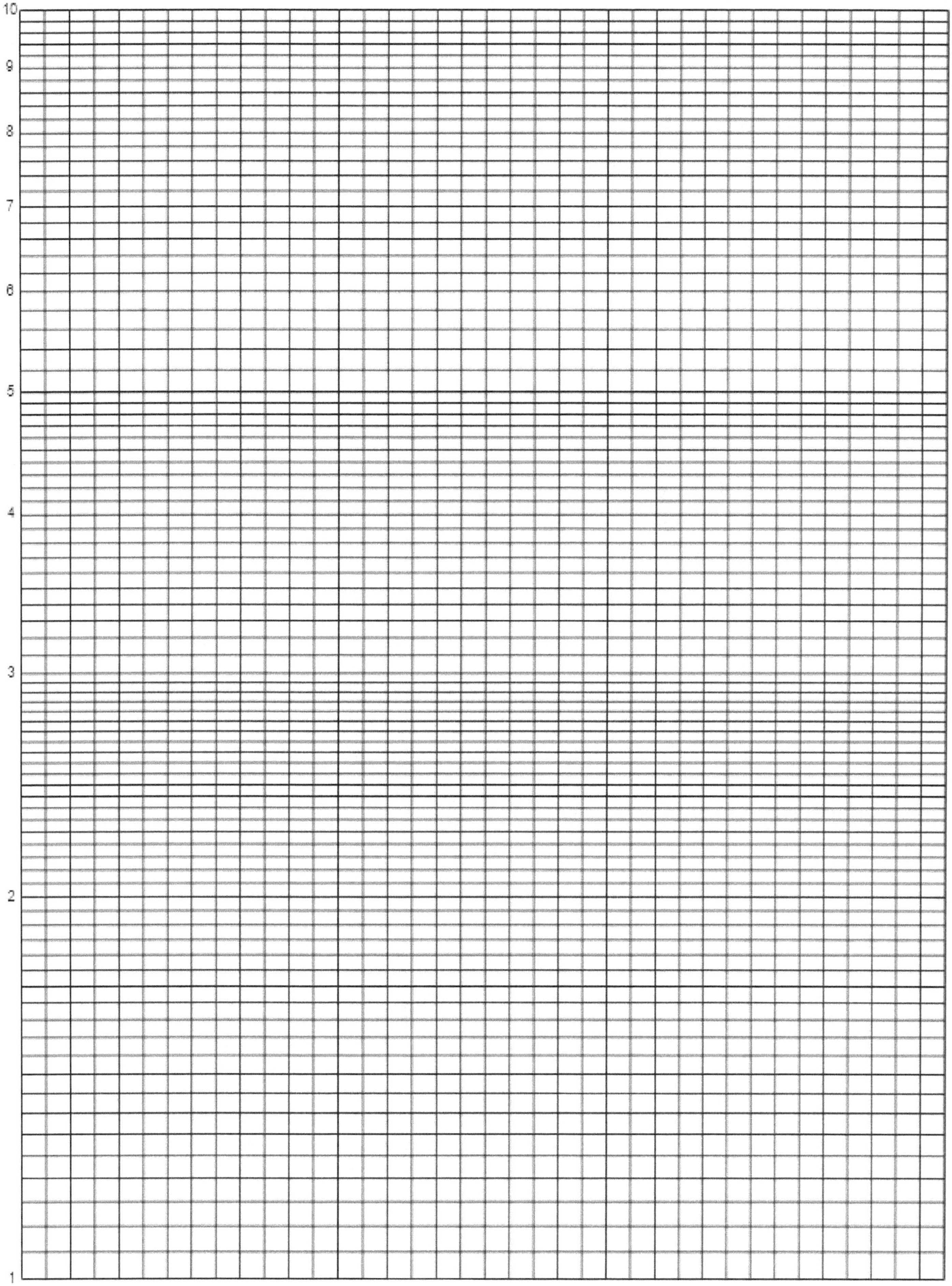
10
9
8
7
6
5
4
3
2
1

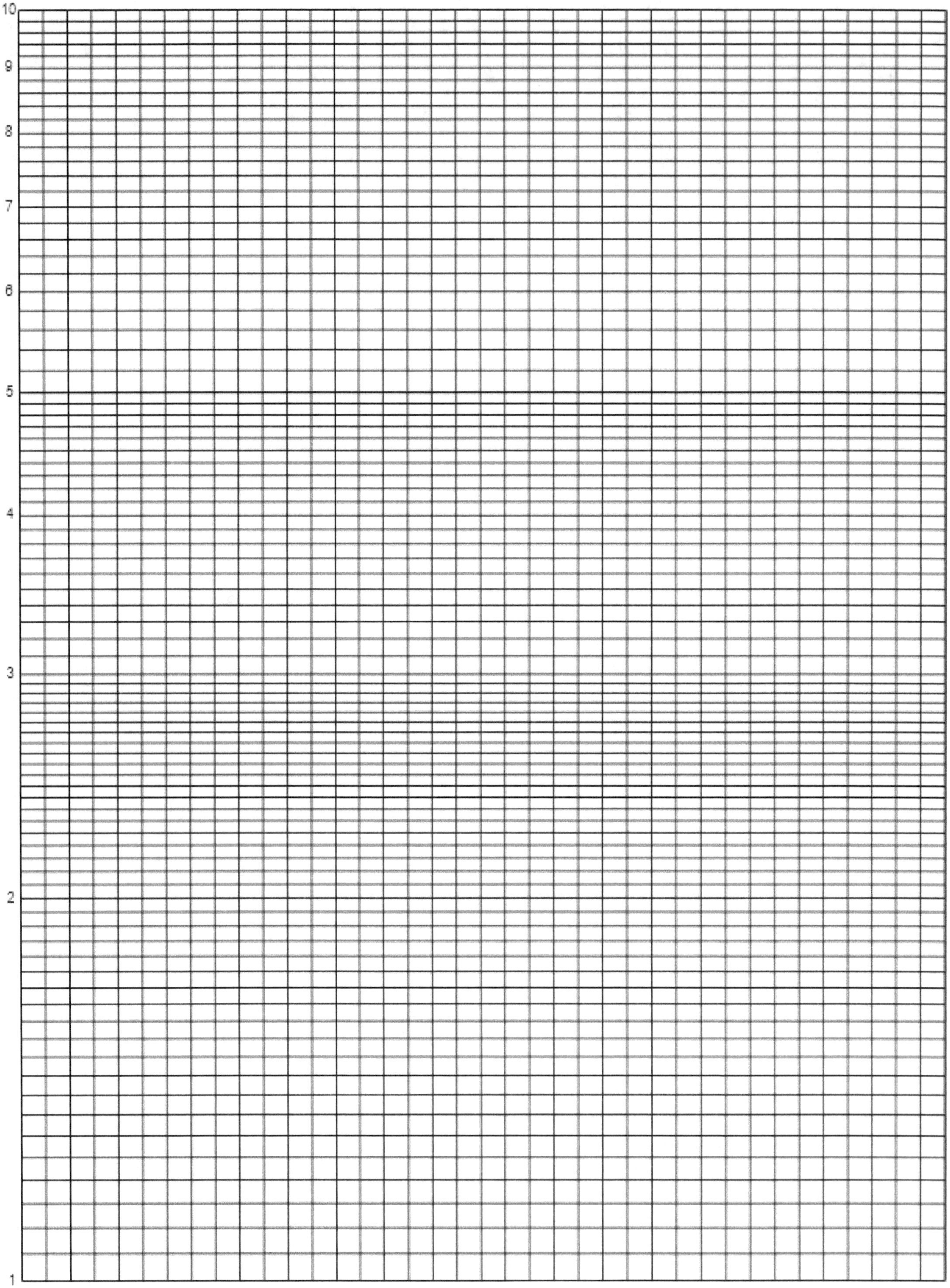
10
9
8
7
6
5
4
3
2
1

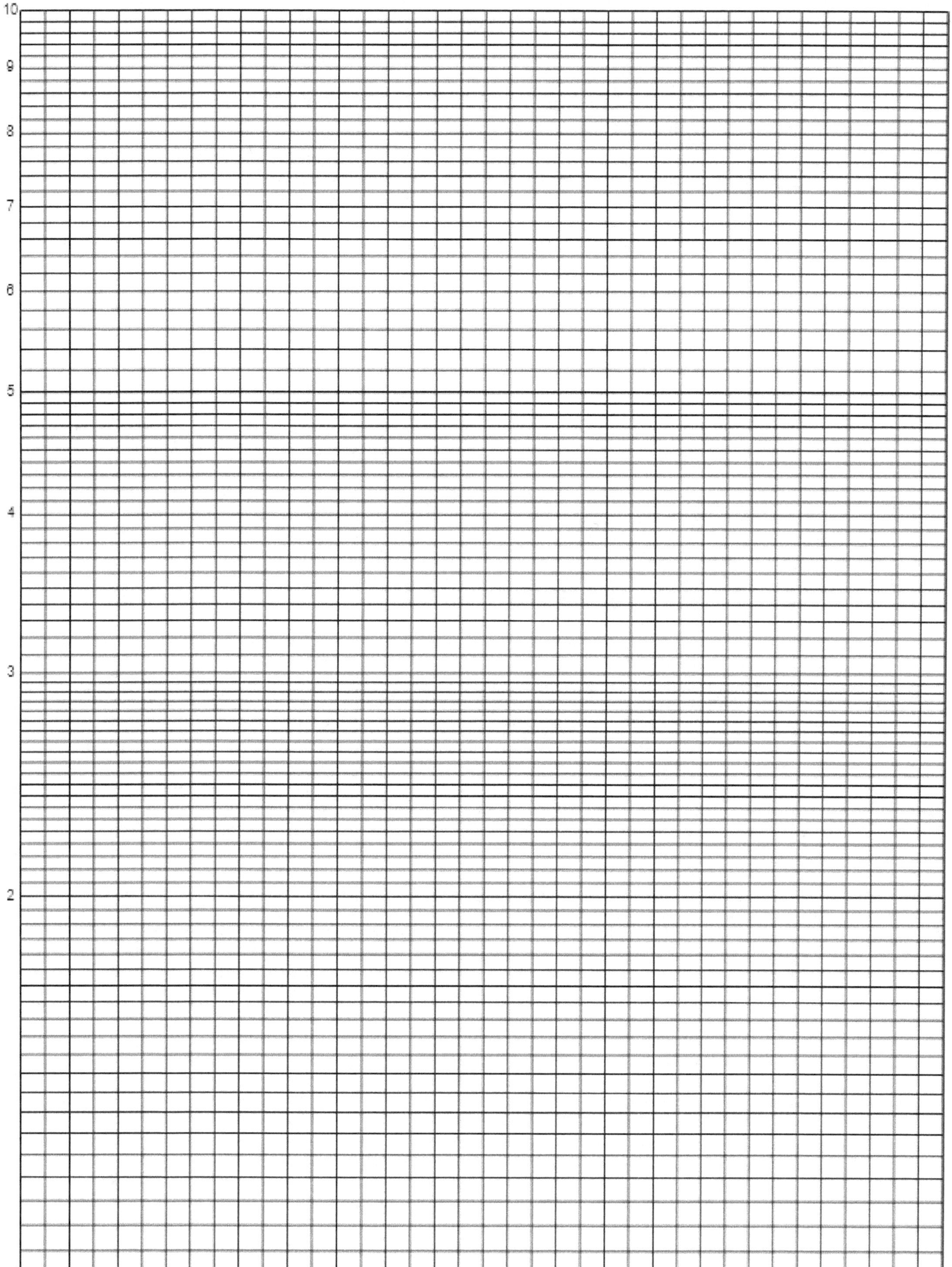
10
9
8
7
6
5
4
3
2
1

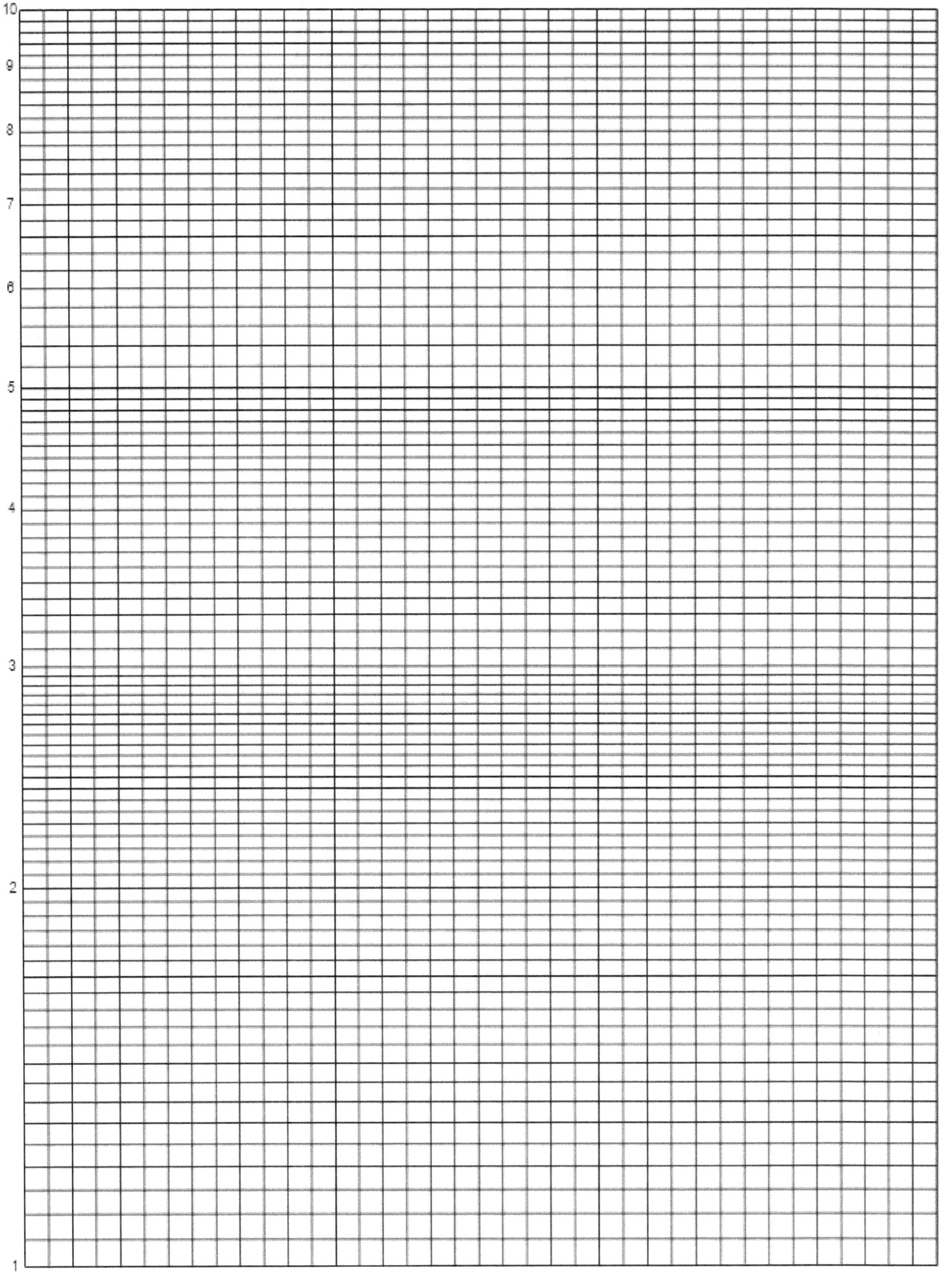
10
9
8
7
6
5
4
3
2
1

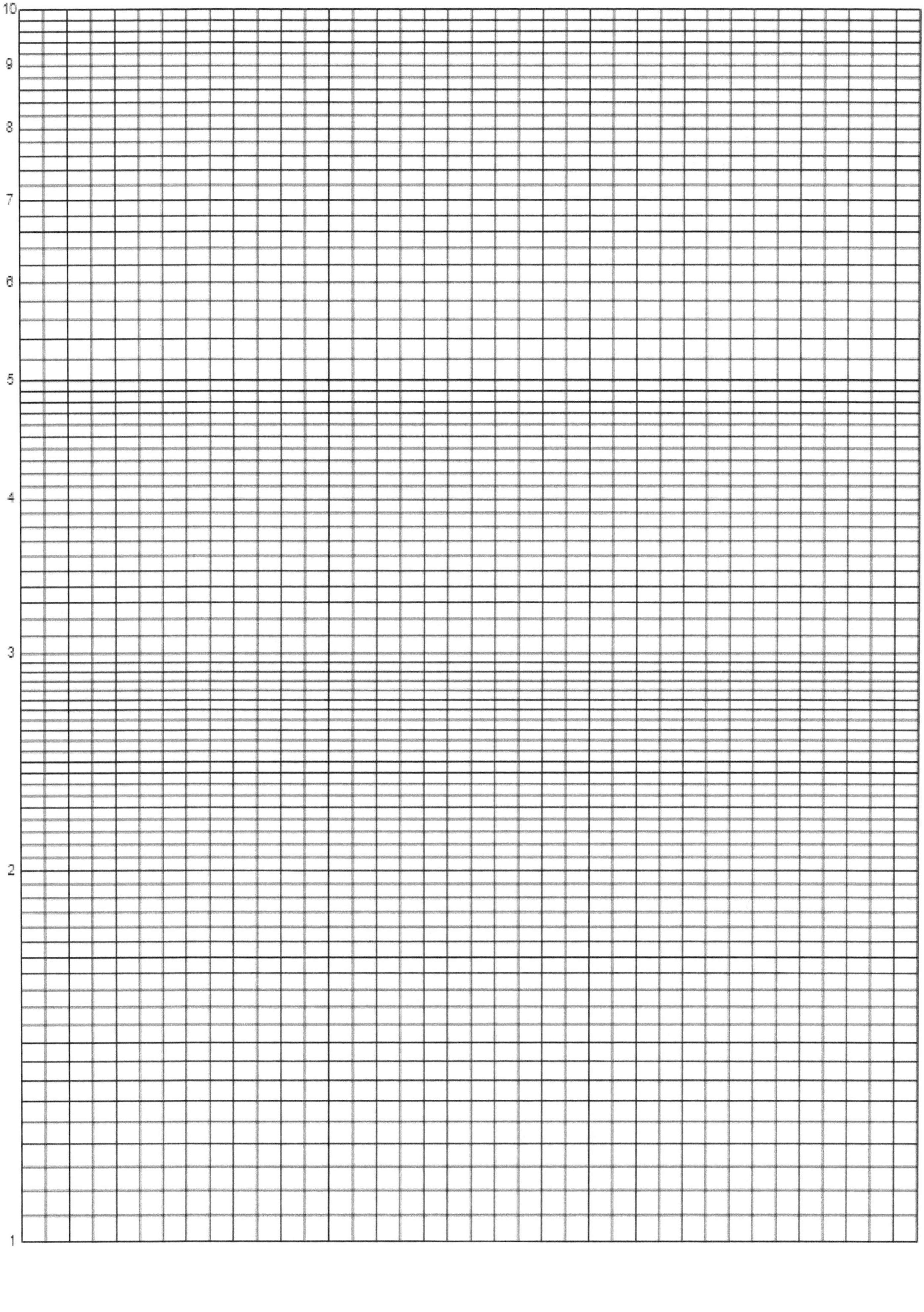
10
9
8
7
6
5
4
3
2
1

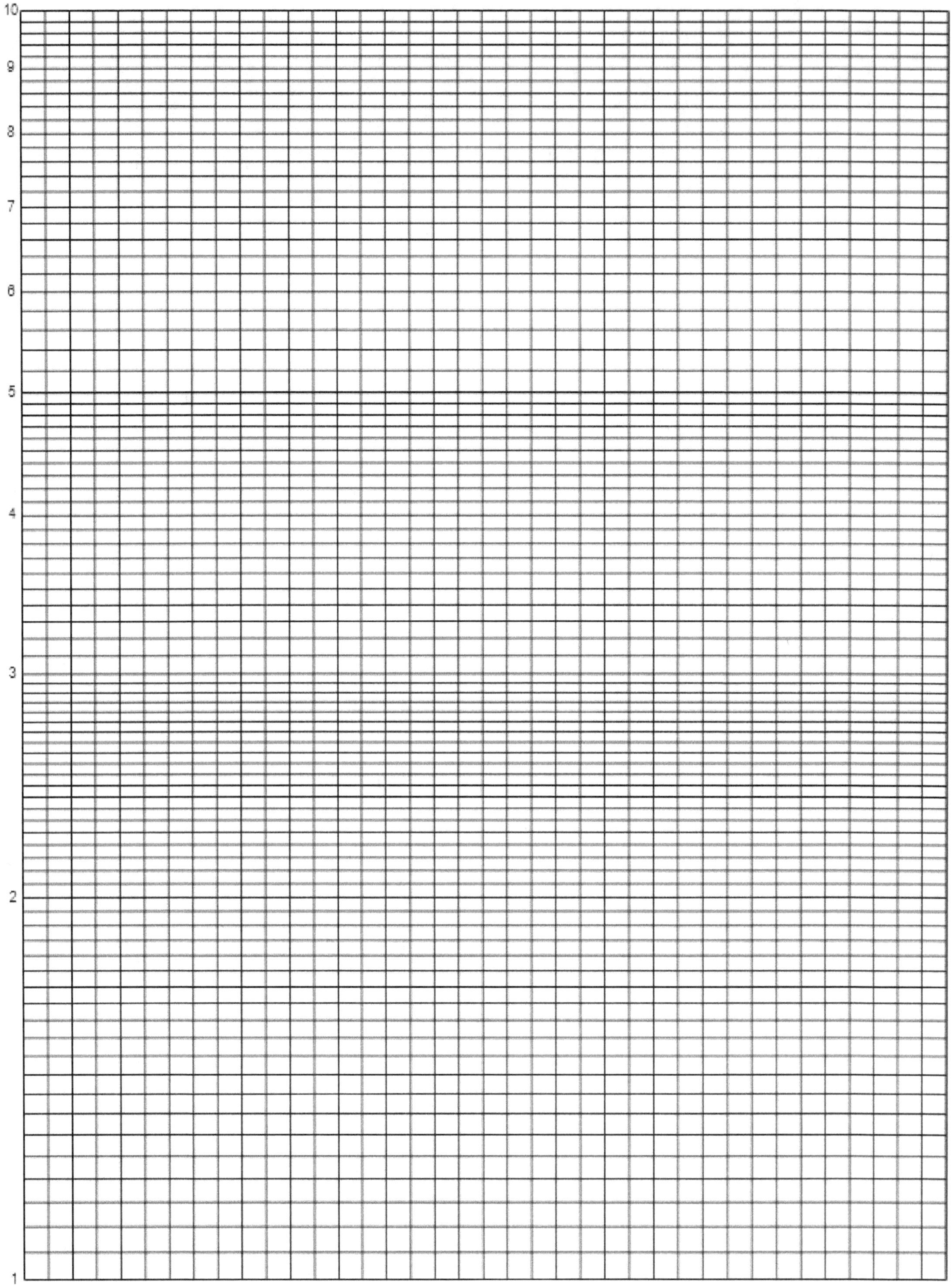
10
9
8
7
6
5
4
3
2
1

10
9
8
7
6
5
4
3
2
1

10

9

8

7

6

5

4

3

2

1

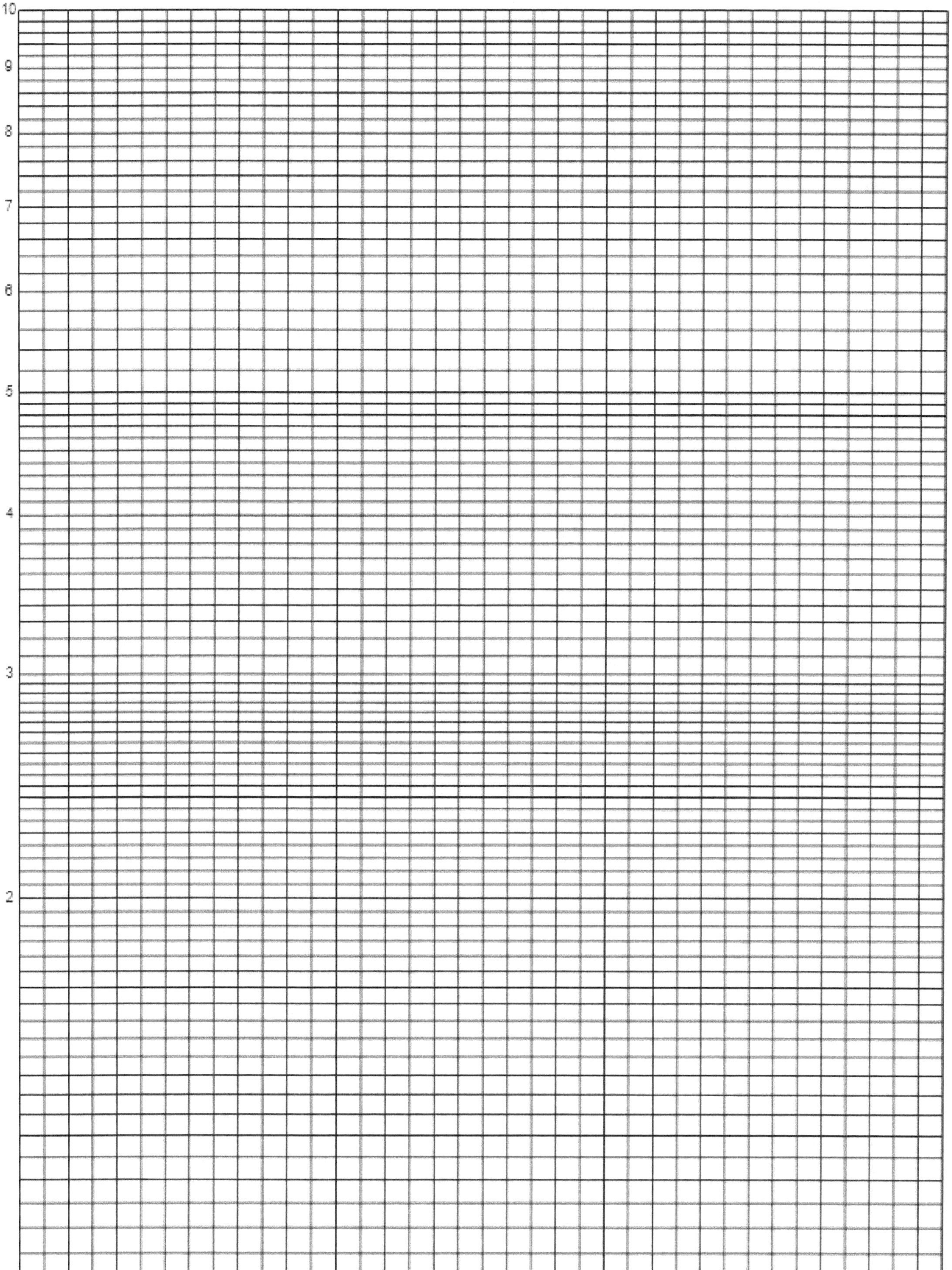
10
9
8
7
6
5
4
3
2
1

10
9
8
7
6
5
4
3
2
1

10

9

8

7

6

5

4

3

2

1

10
9
8
7
6
5
4
3
2
1

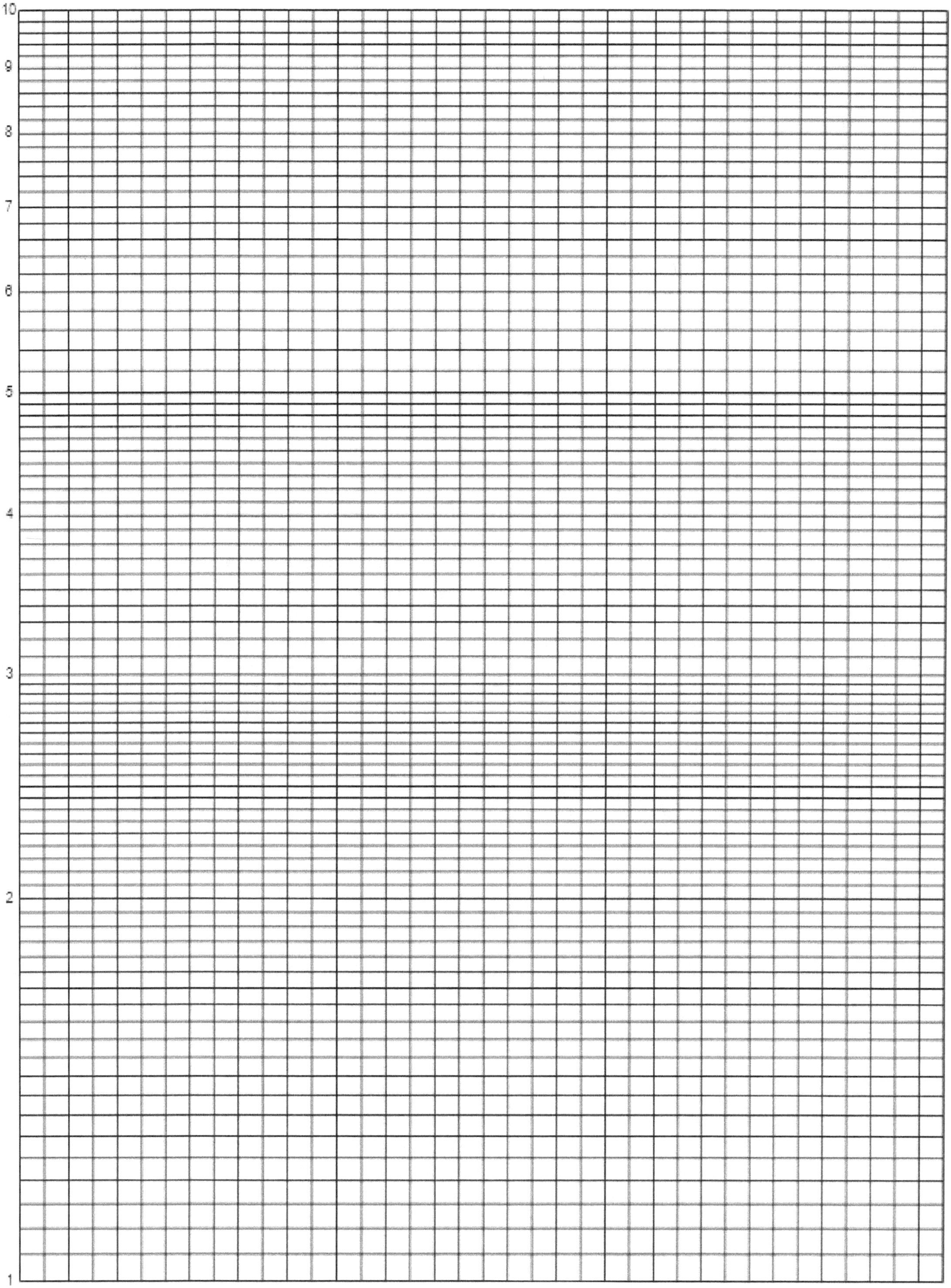
10
9
8
7
6
5
4
3
2
1

10
9
8
7
6
5
4
3
2
1

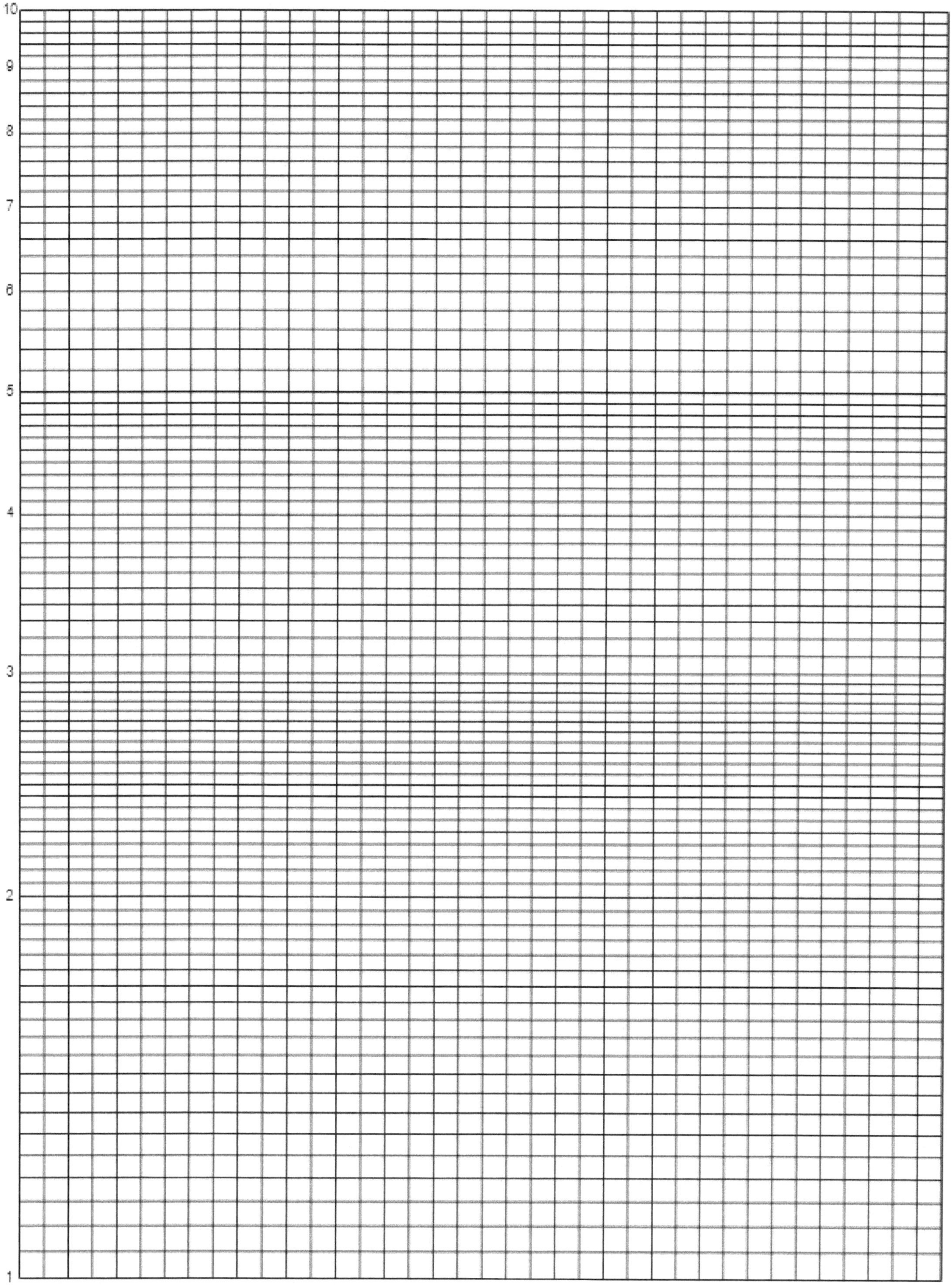
10
9
8
7
6
5
4
3
2
1

10
9
8
7
6
5
4
3
2
1

10
9
8
7
6
5
4
3
2
1

10
9
8
7
6
5
4
3
2
1

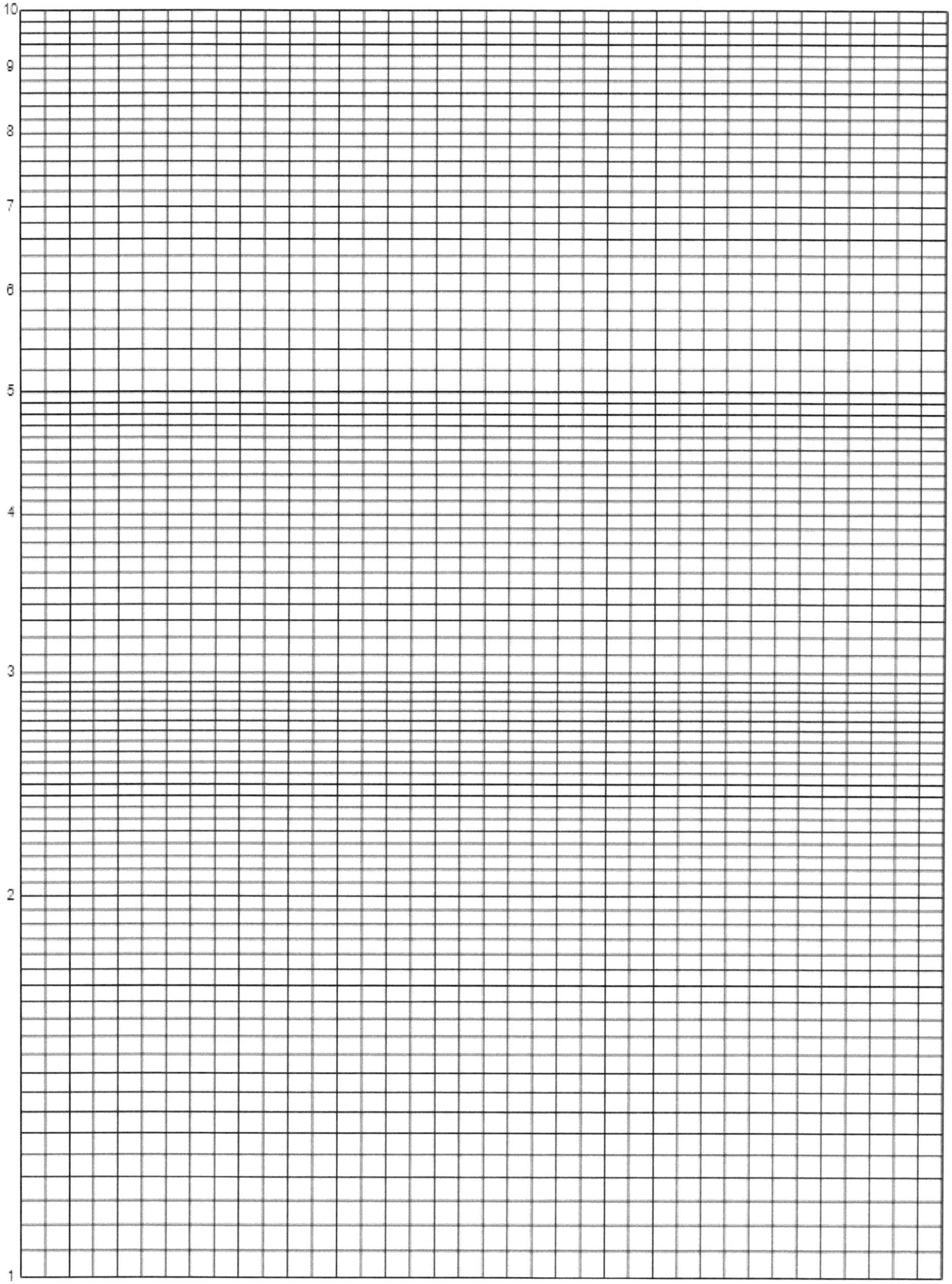
10
9
8
7
6
5
4
3
2
1

10
9
8
7
6
5
4
3
2
1

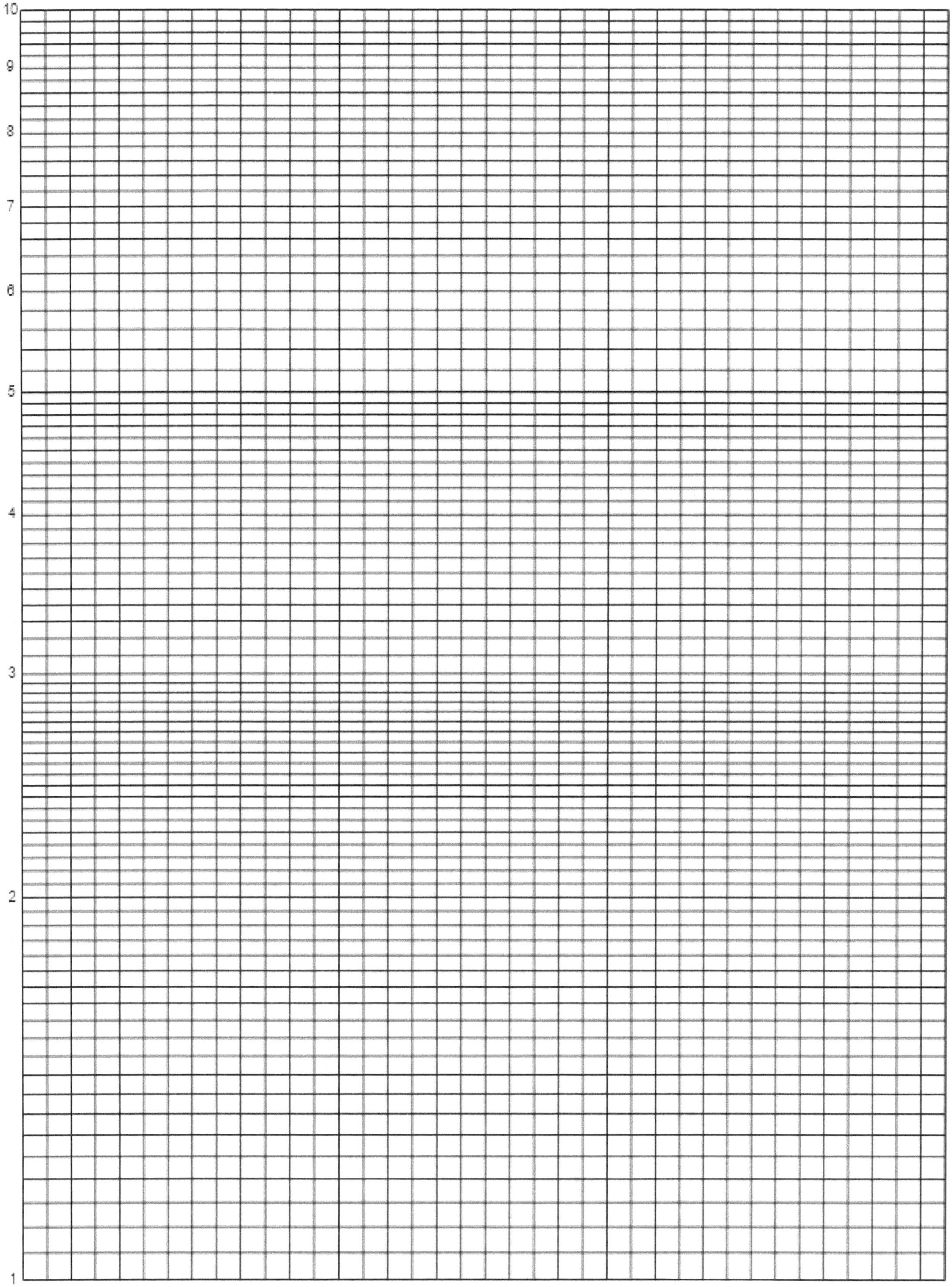
10
9
8
7
6
5
4
3
2
1

10
9
8
7
6
5
4
3
2
1

10
9
8
7
6
5
4
3
2
1

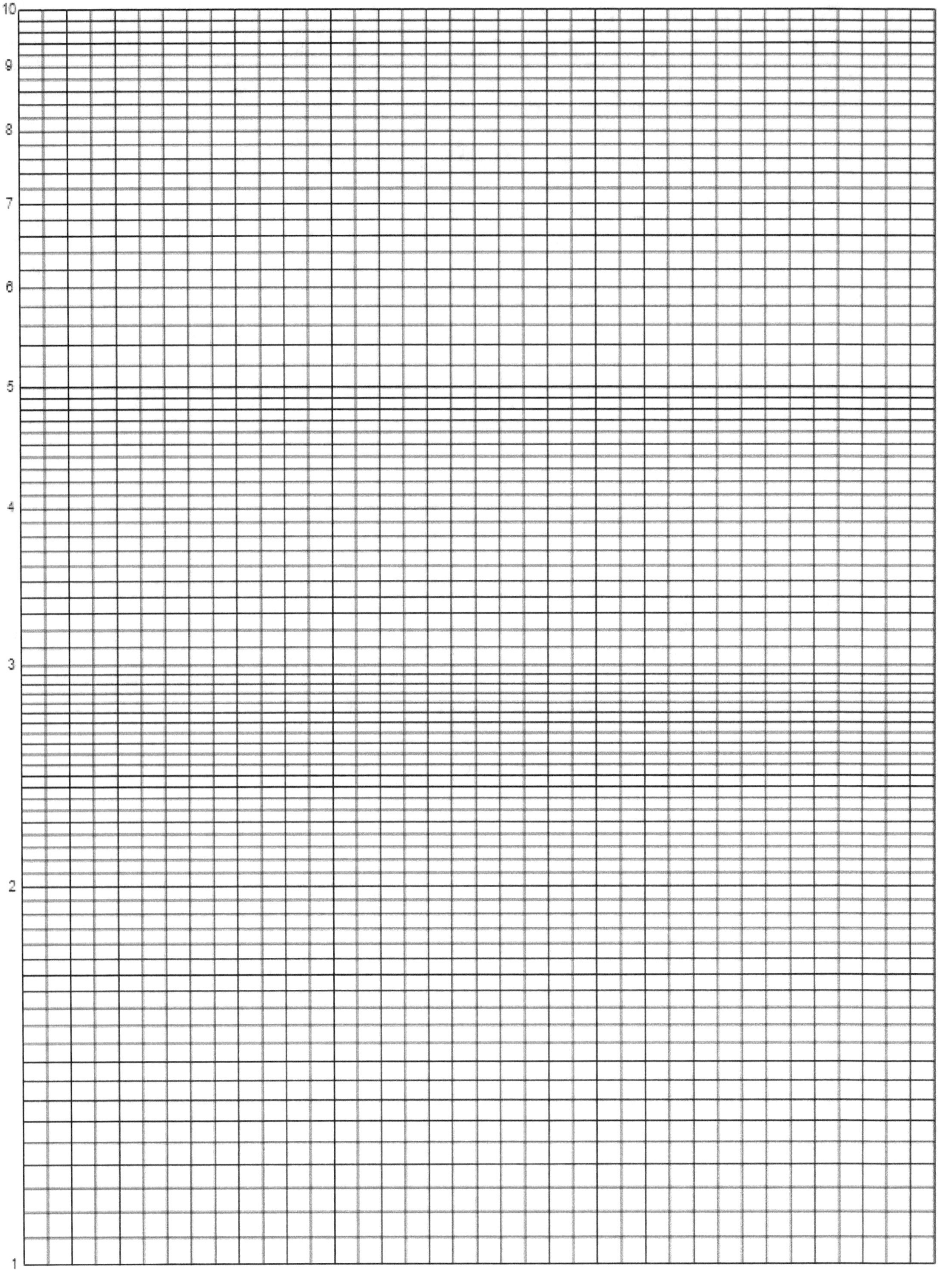
10
9
8
7
6
5
4
3
2
1

10
9
8
7
6
5
4
3
2
1

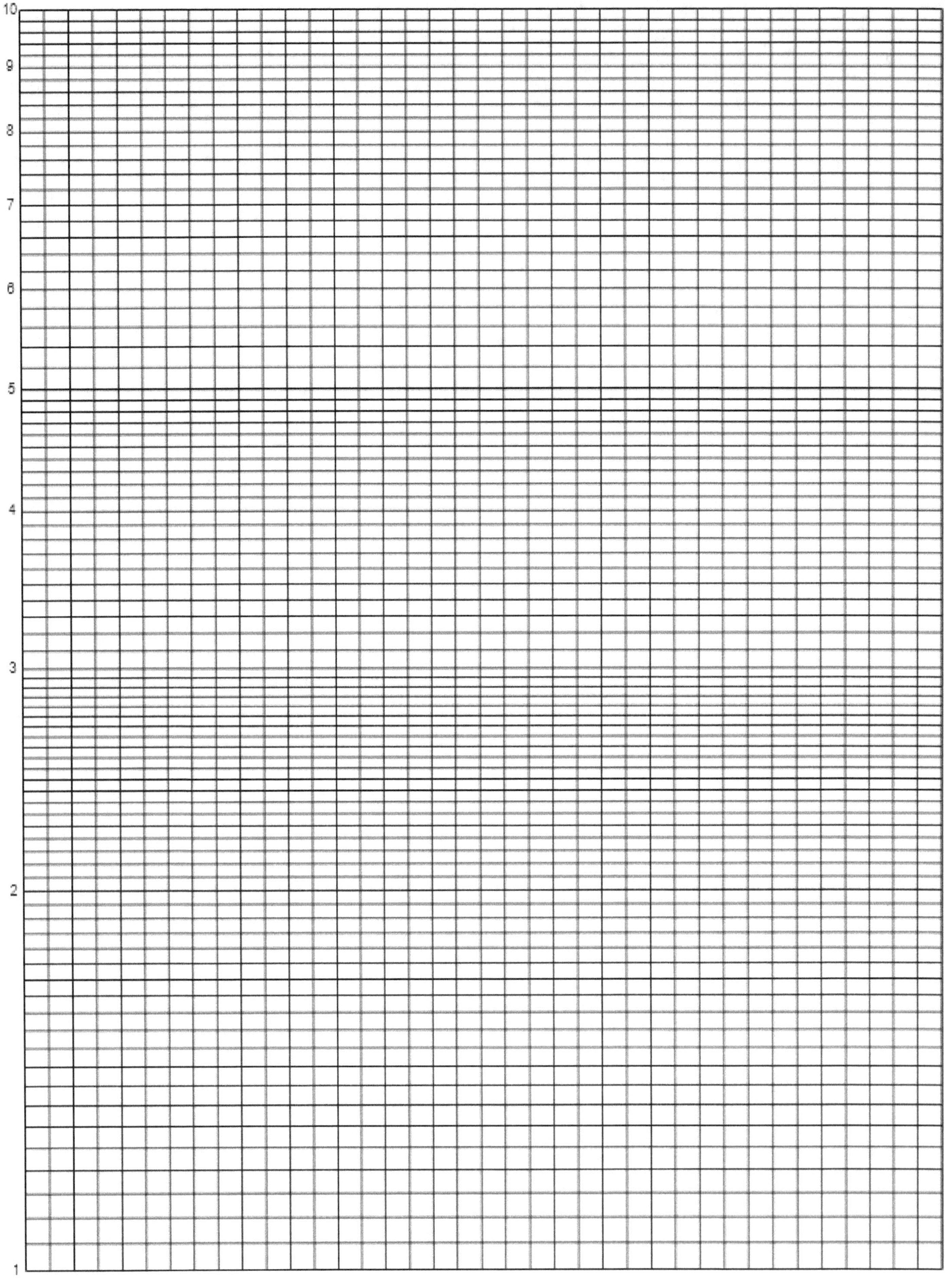
10
9
8
7
6
5
4
3
2
1

10
9
8
7
6
5
4
3
2
1

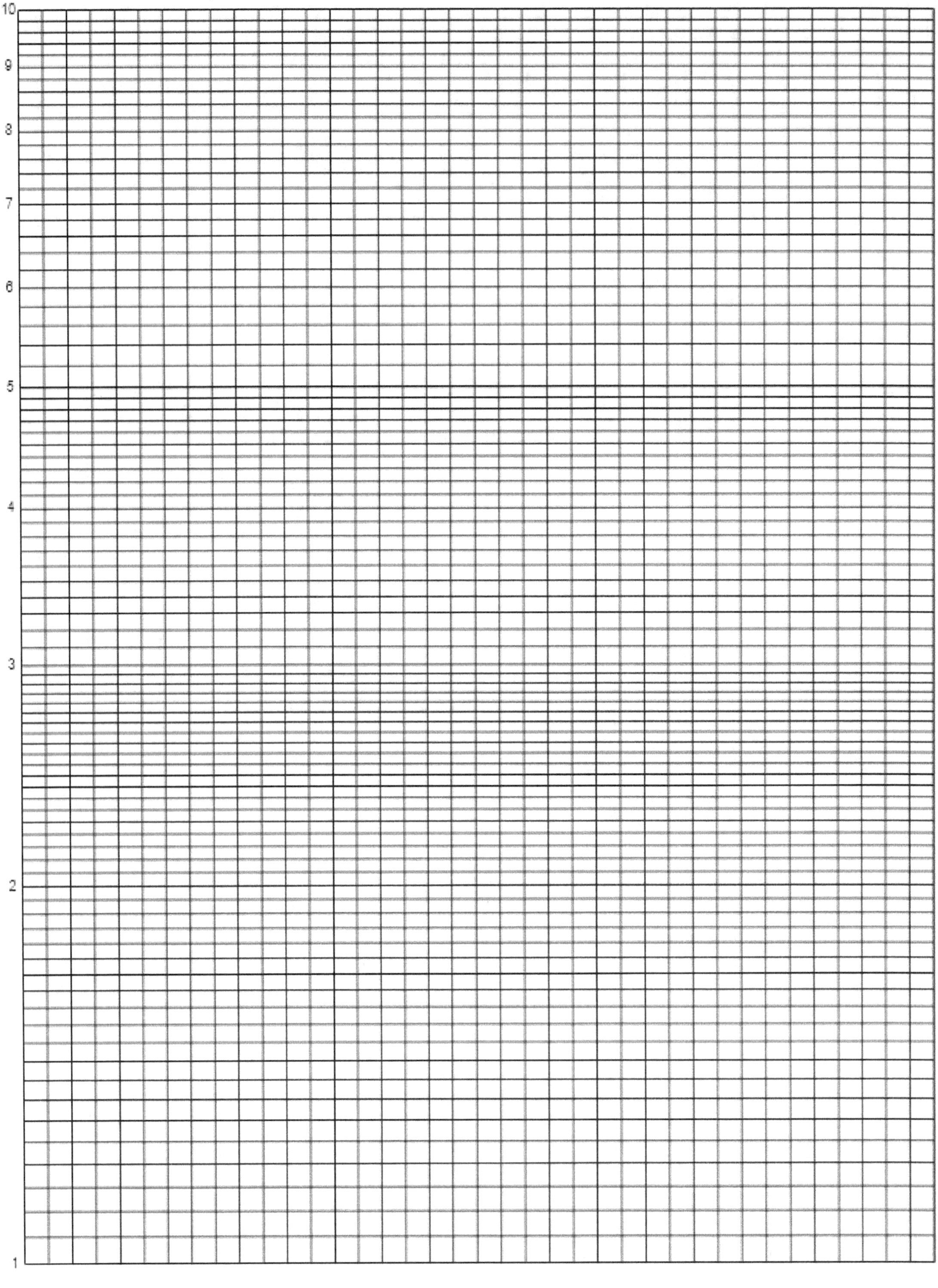
10
9
8
7
6
5
4
3
2
1

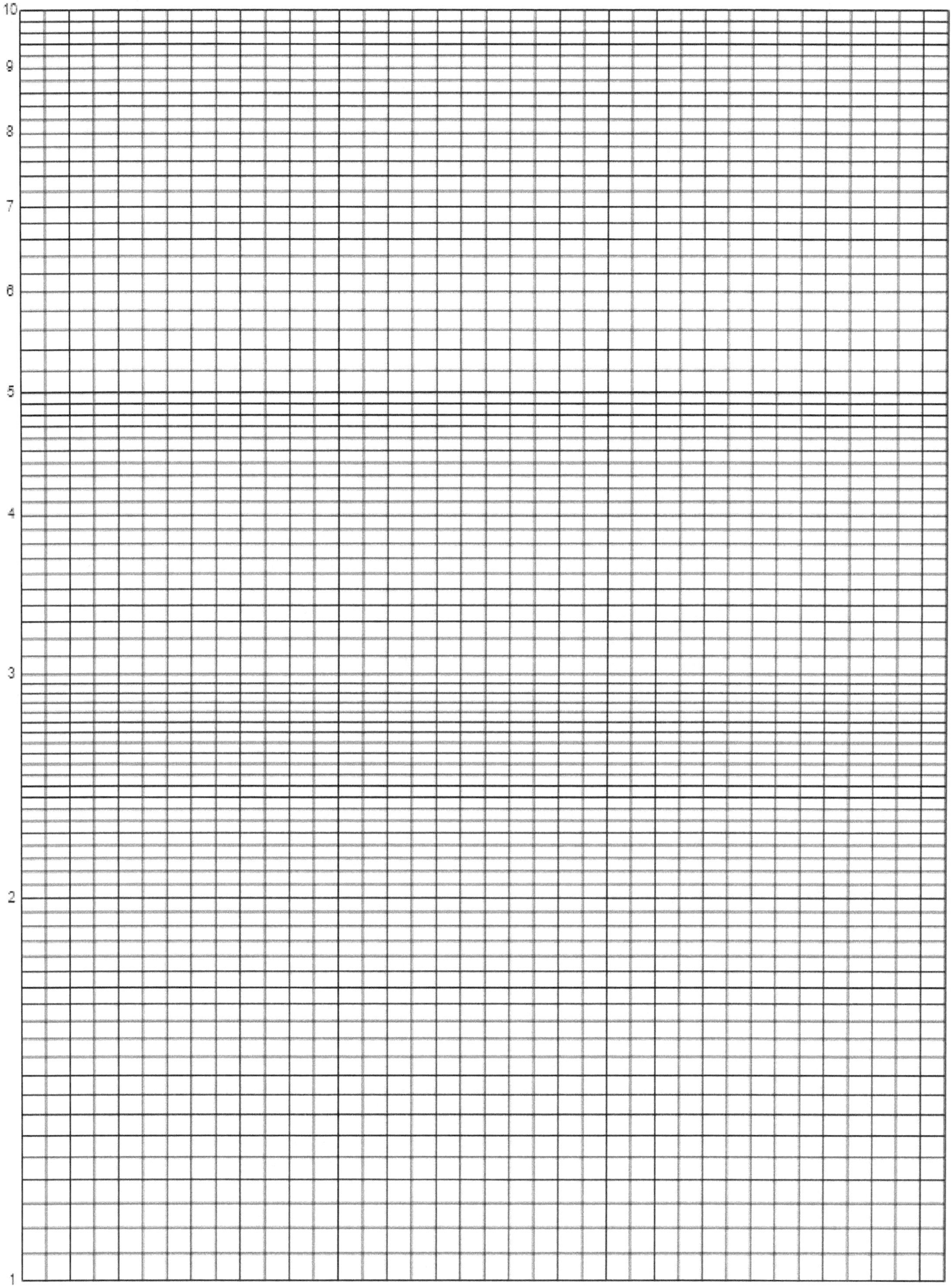
10
9
8
7
6
5
4
3
2
1

10
9
8
7
6
5
4
3
2
1

10
9
8
7
6
5
4
3
2
1

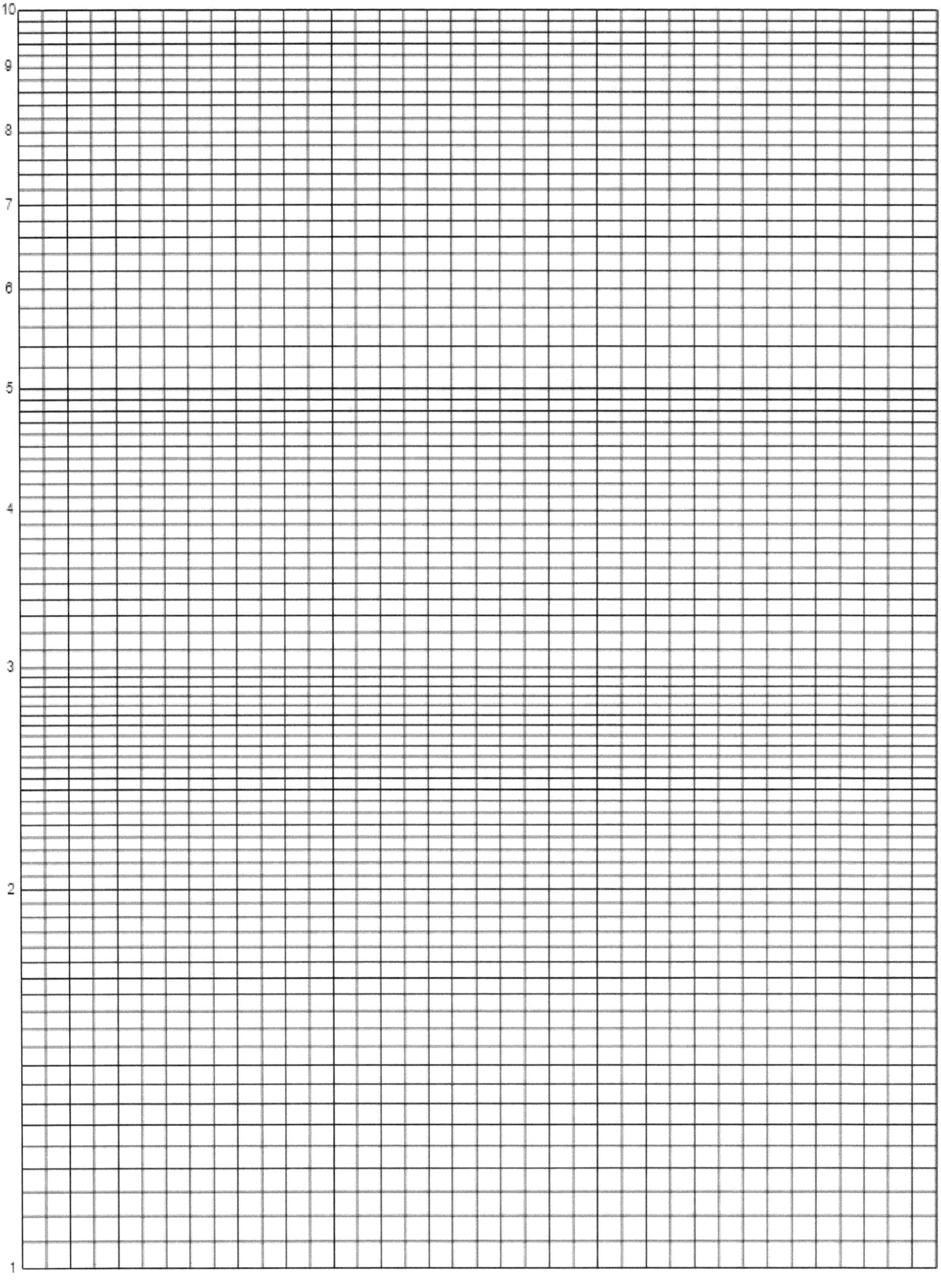
10
9
8
7
6
5
4
3
2
1

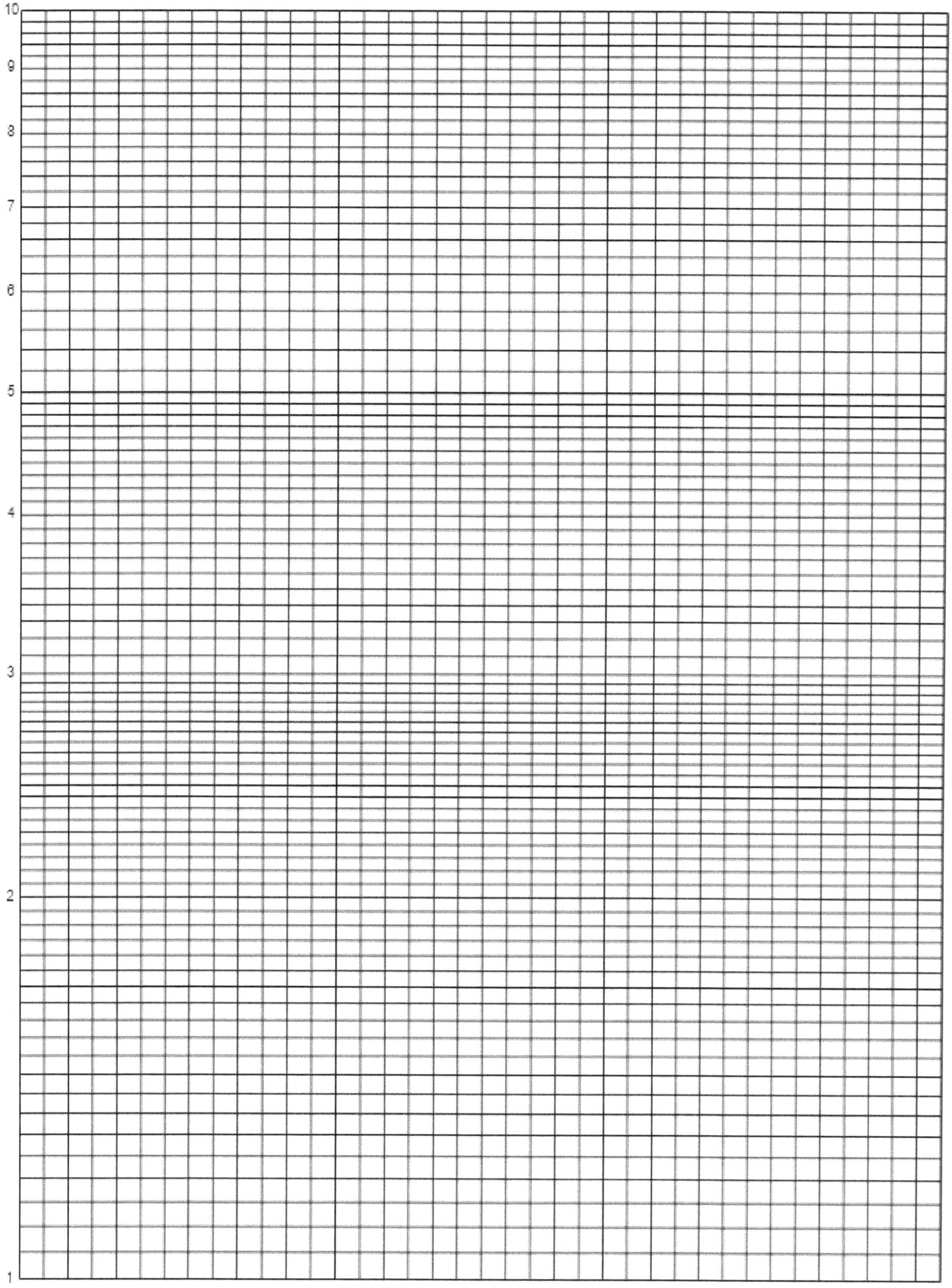
10
9
8
7
6
5
4
3
2
1

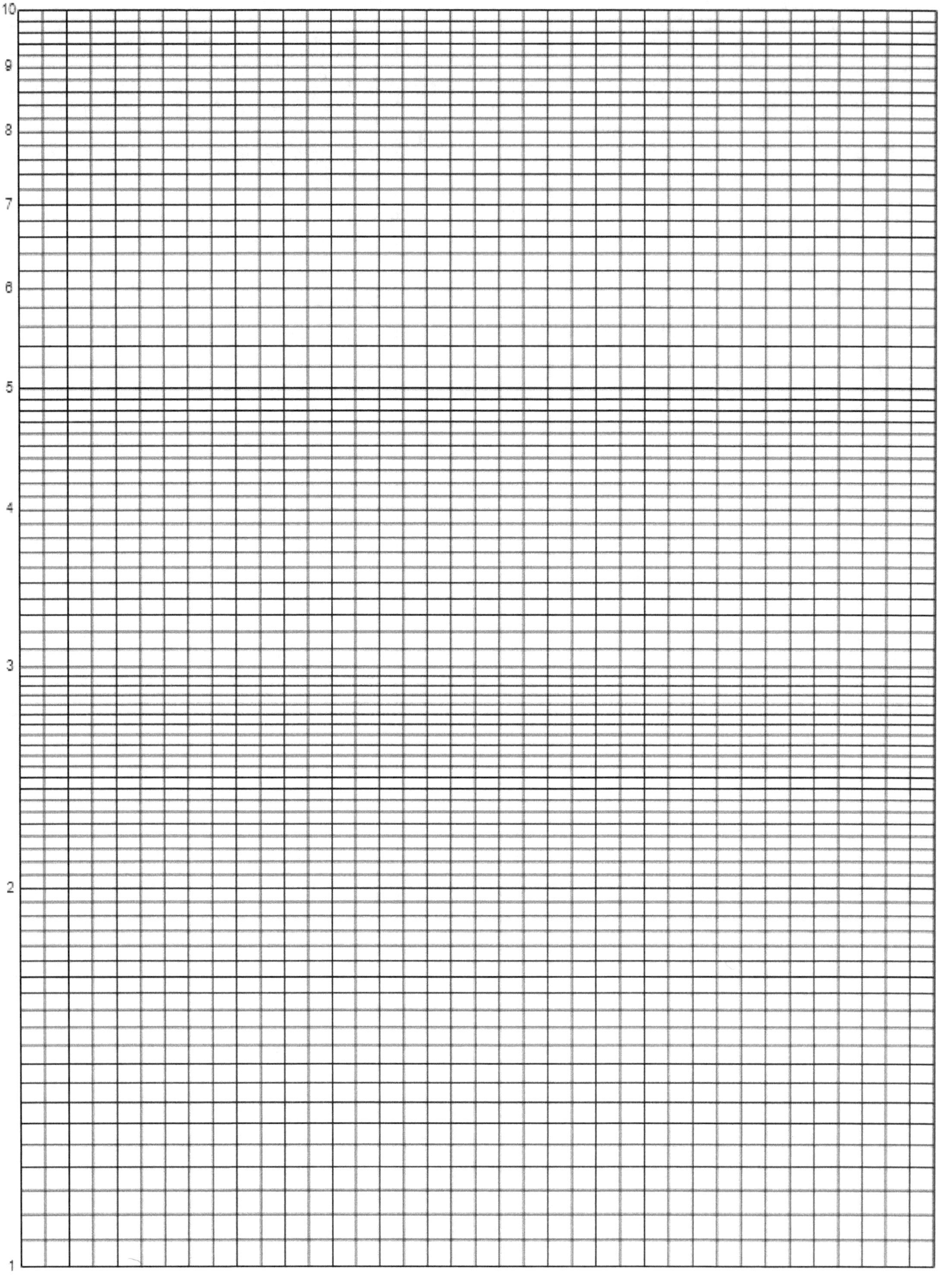
10
9
8
7
6
5
4
3
2
1

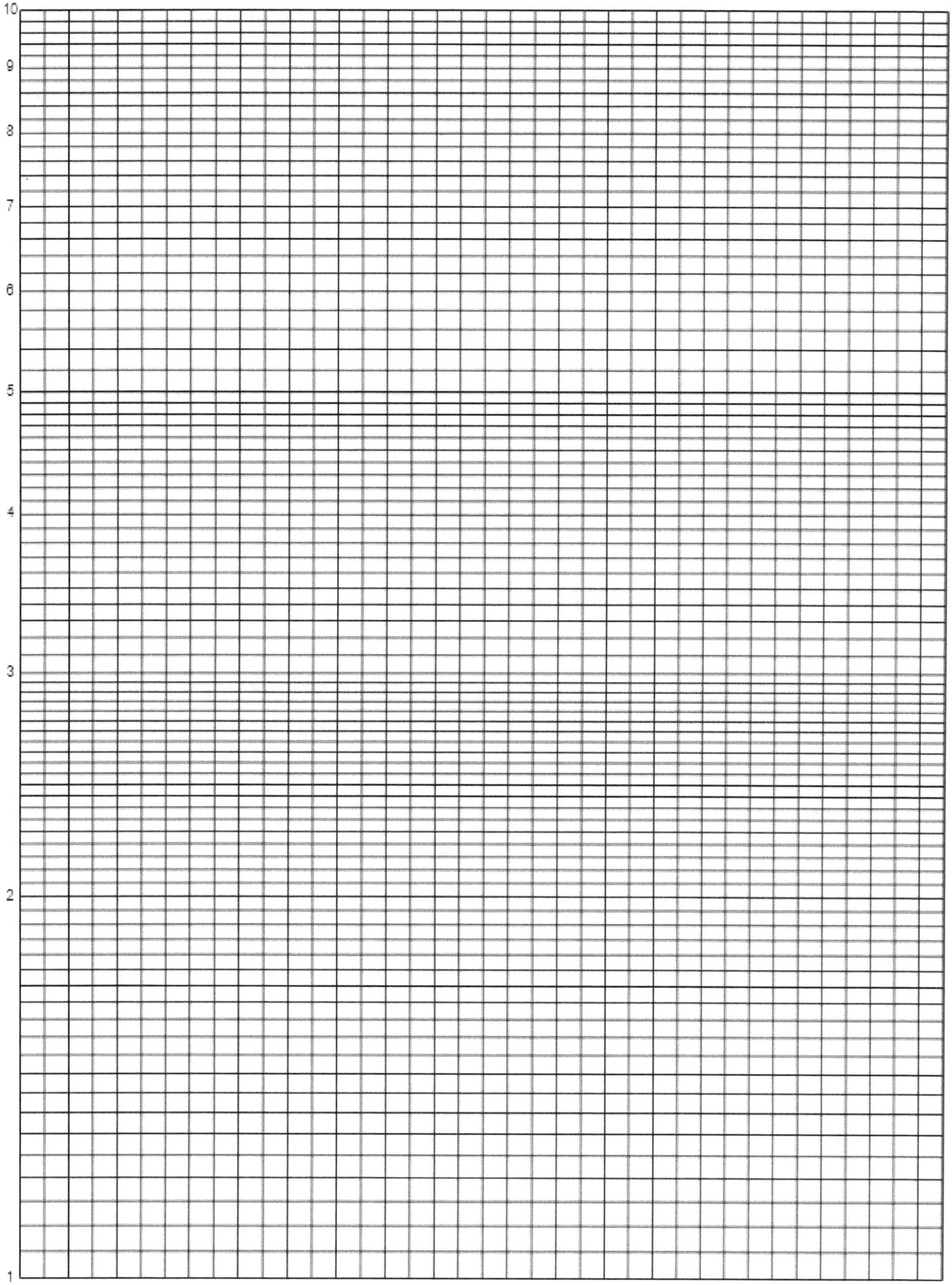
10
9
8
7
6
5
4
3
2
1

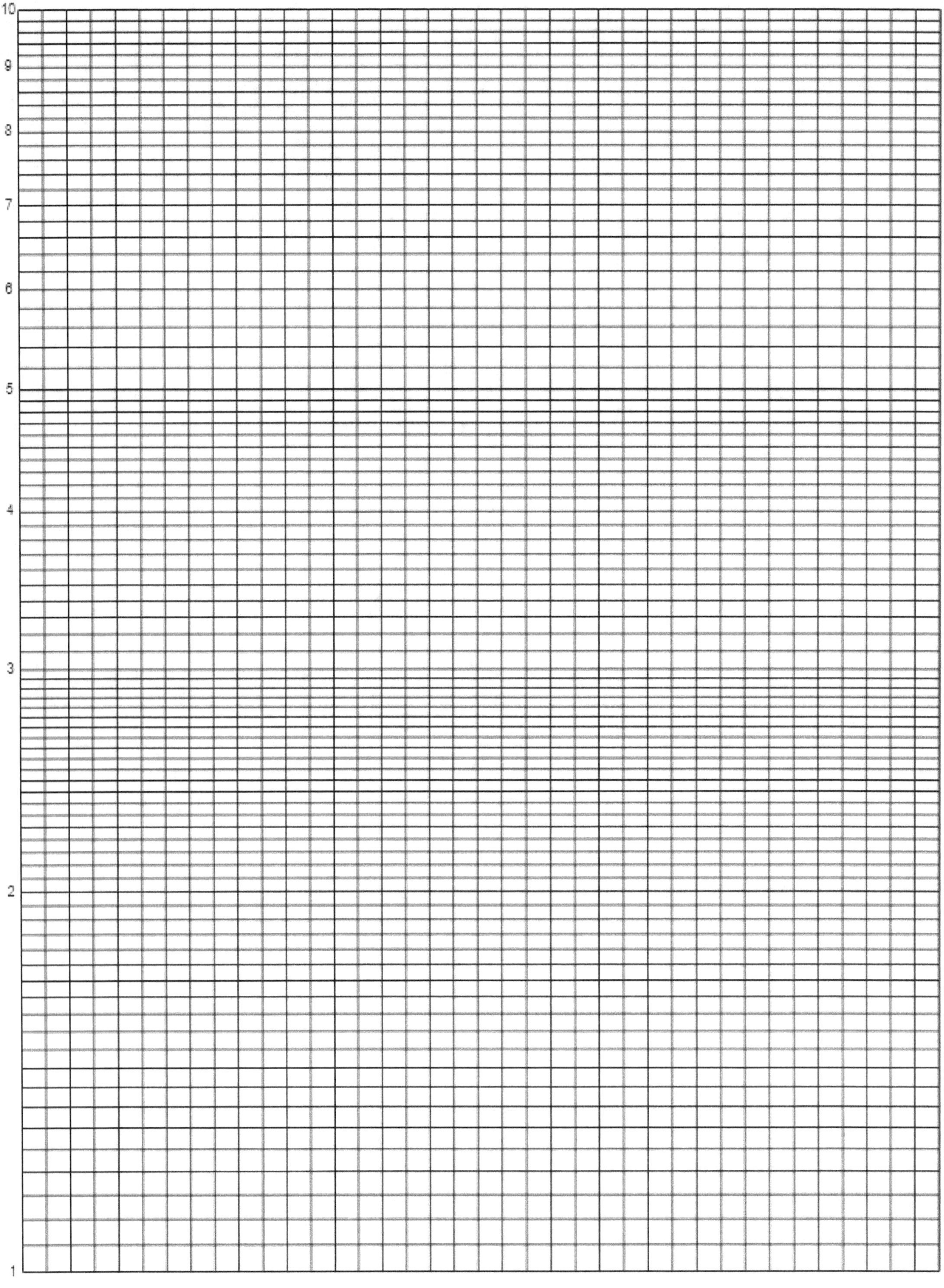
10
9
8
7
6
5
4
3
2
1

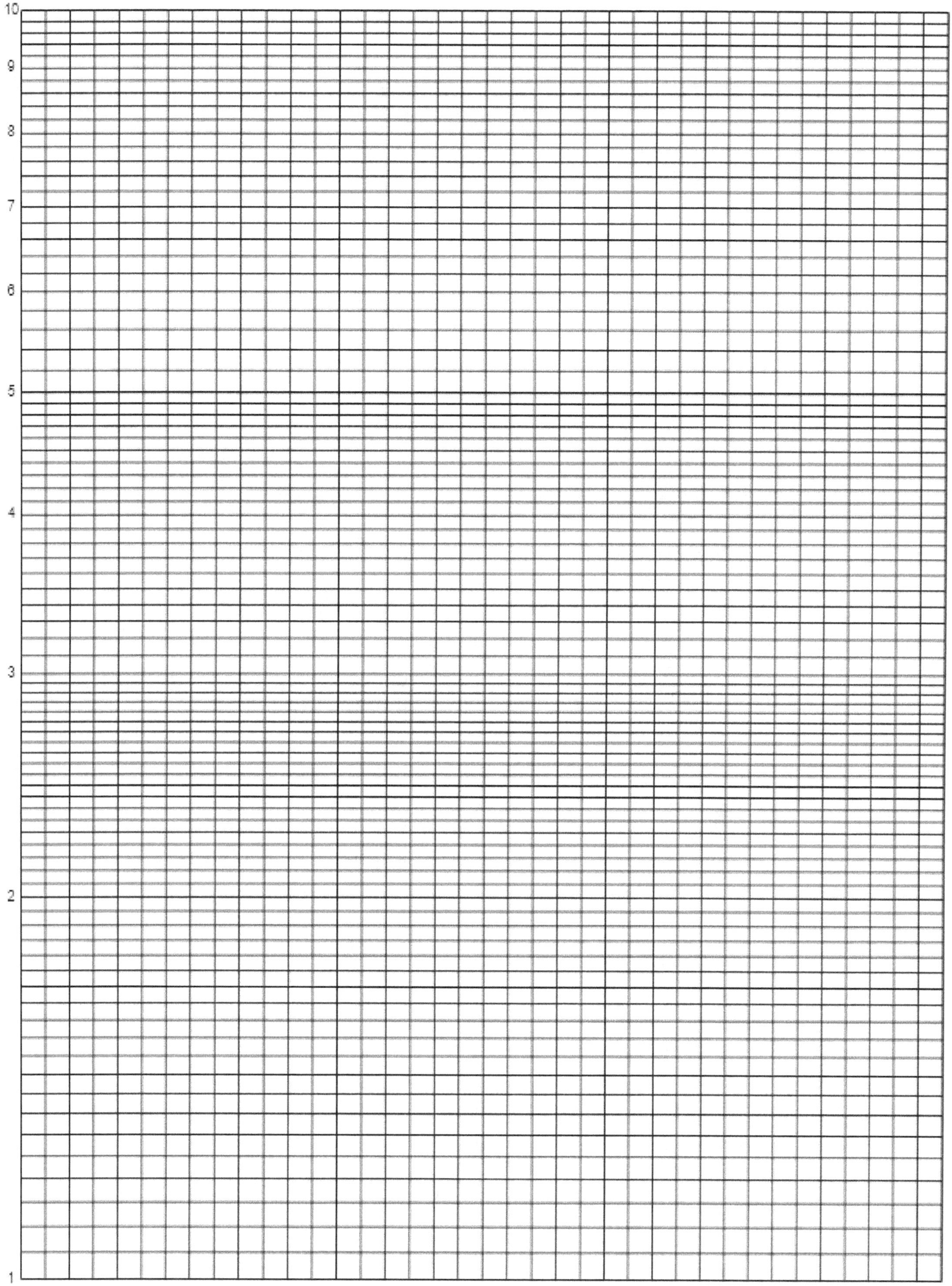
10
9
8
7
6
5
4
3
2
1

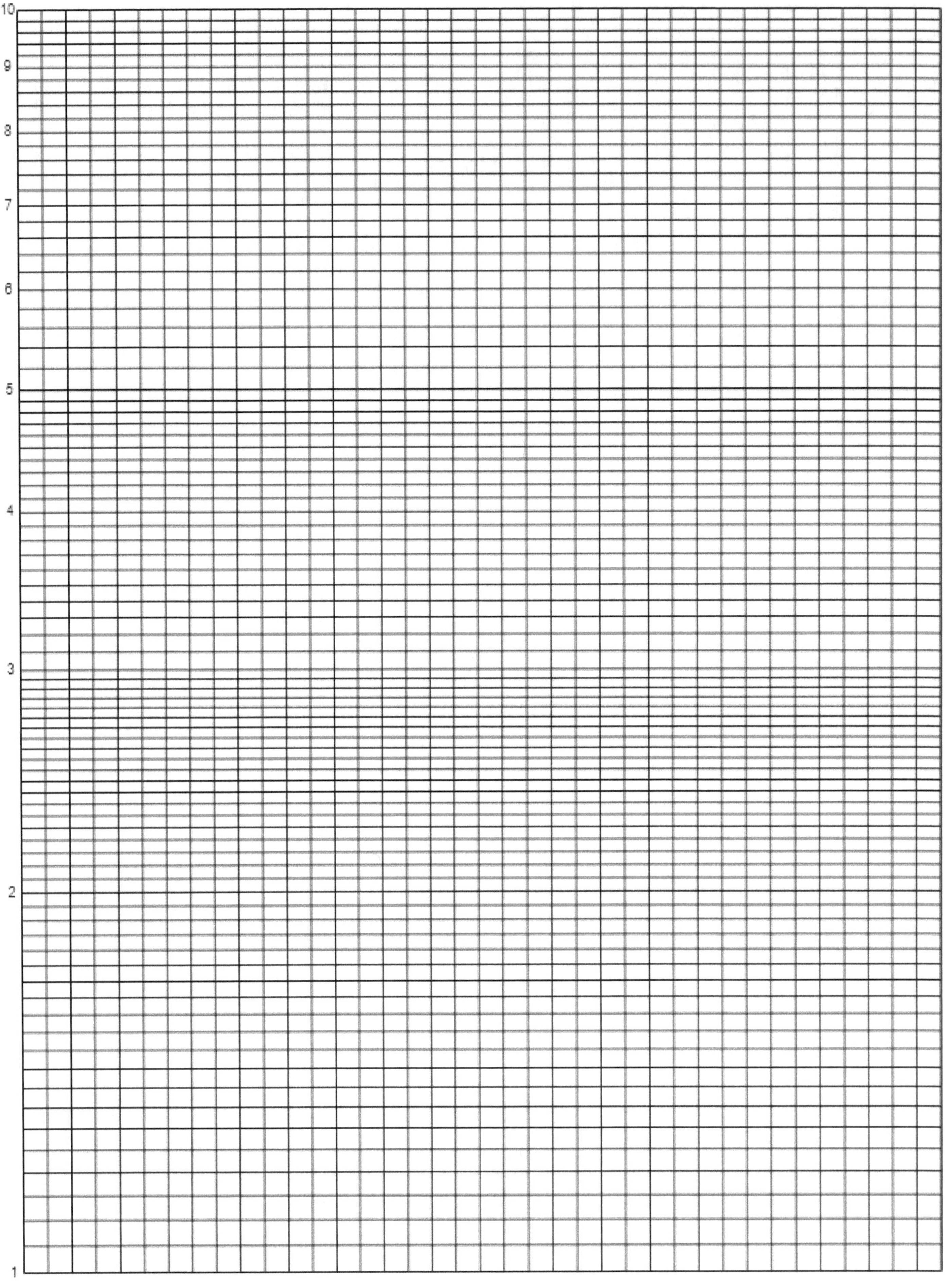
10
9
8
7
6
5
4
3
2
1

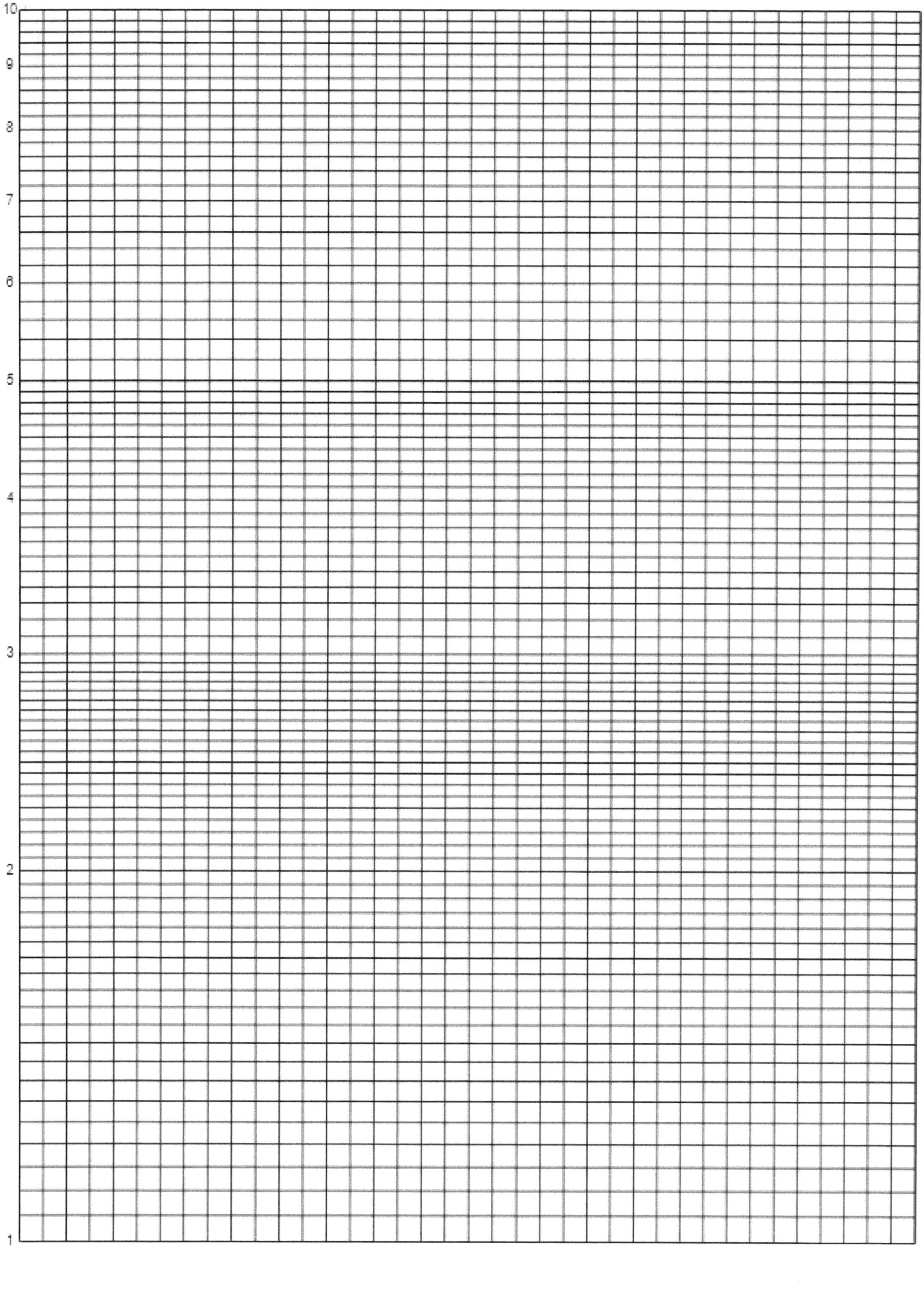
10
9
8
7
6
5
4
3
2
1

10
9
8
7
6
5
4
3
2
1

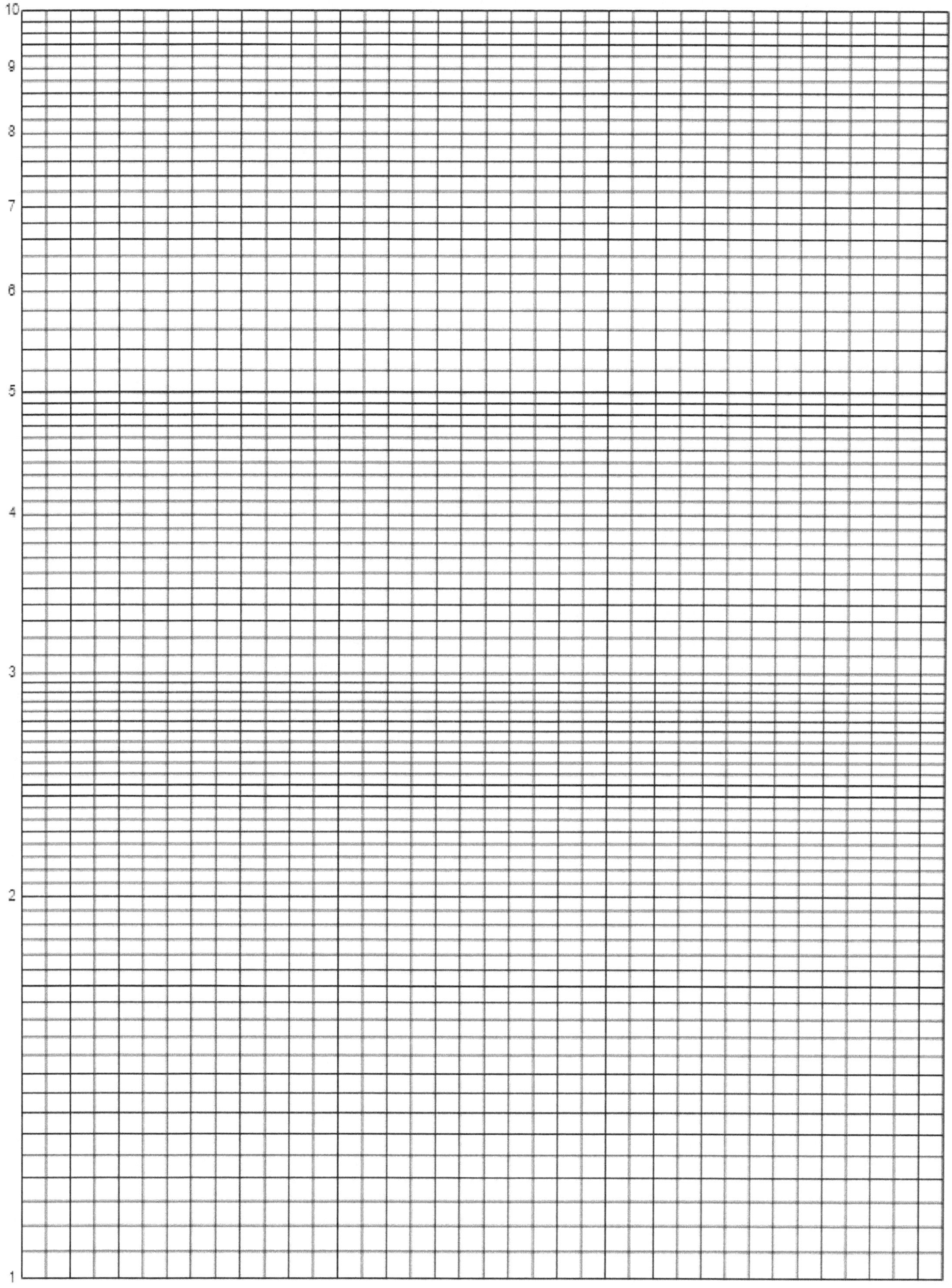
10
9
8
7
6
5
4
3
2
1

10

9

8

7

6

5

4

3

2

1

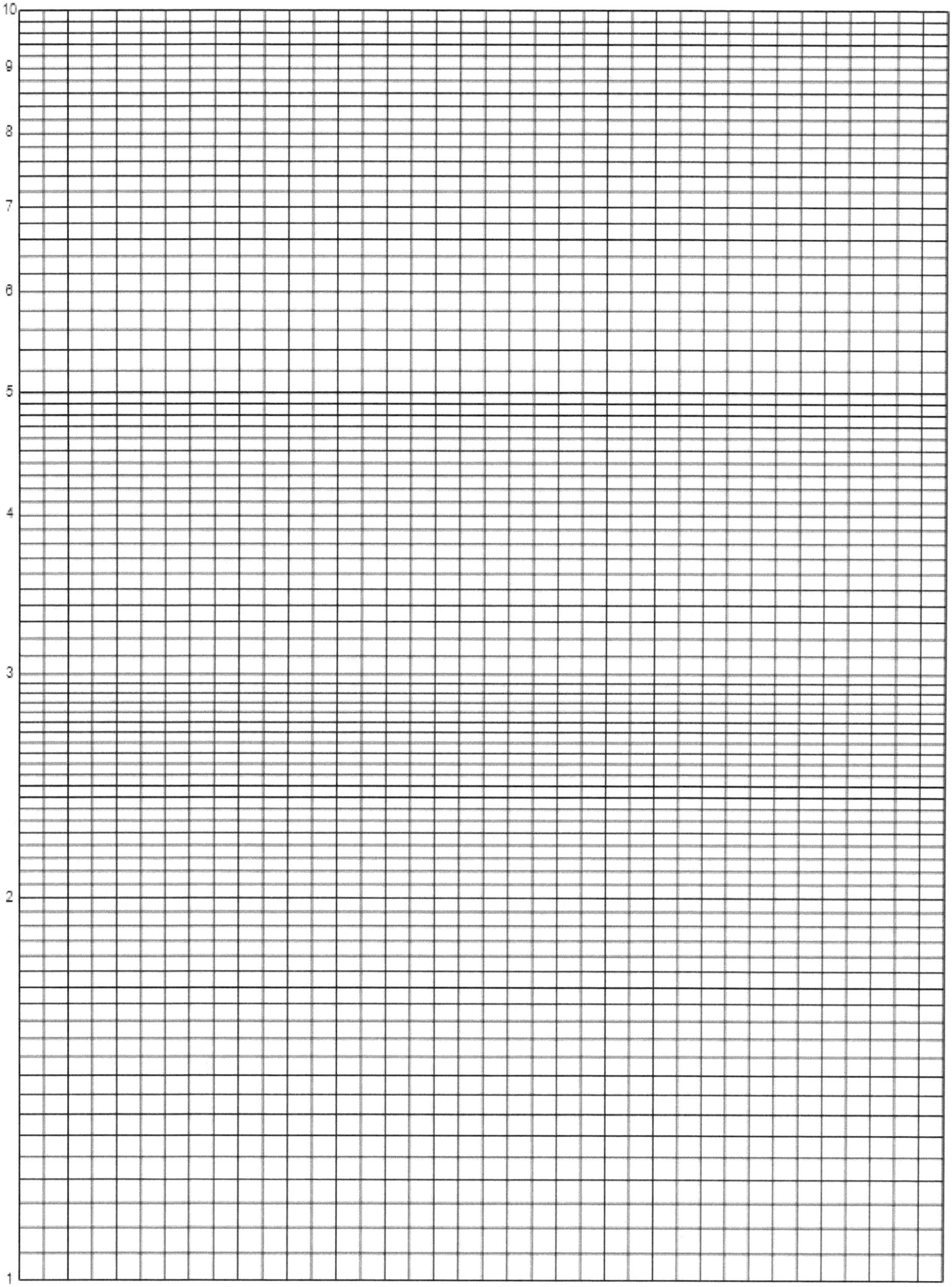
10
9
8
7
6
5
4
3
2
1

10
9
8
7
6
5
4
3
2
1

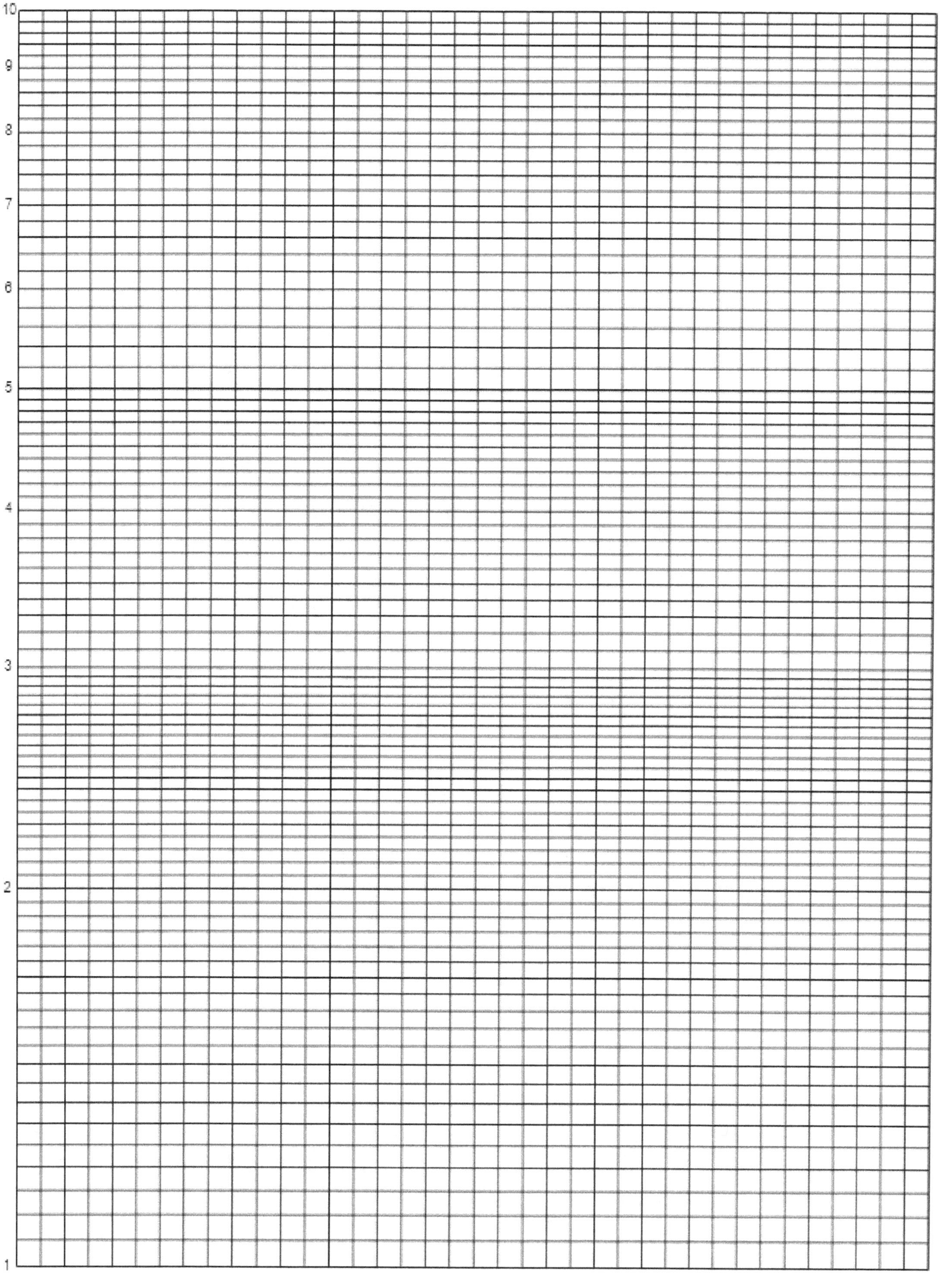
10
9
8
7
6
5
4
3
2
1

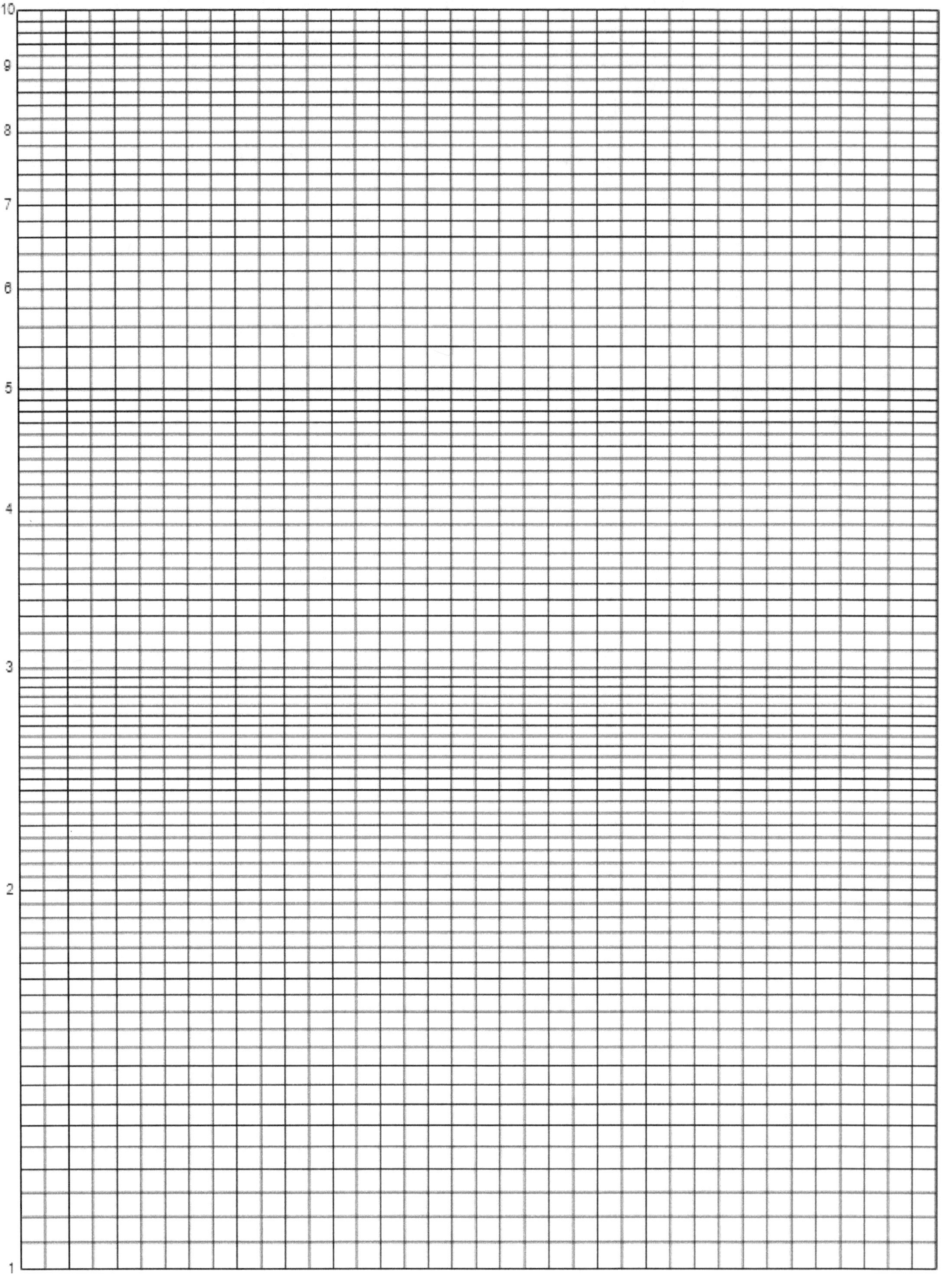
10
9
8
7
6
5
4
3
2
1

10

9

8

7

6

5

4

3

2

1

10
9
8
7
6
5
4
3
2
1

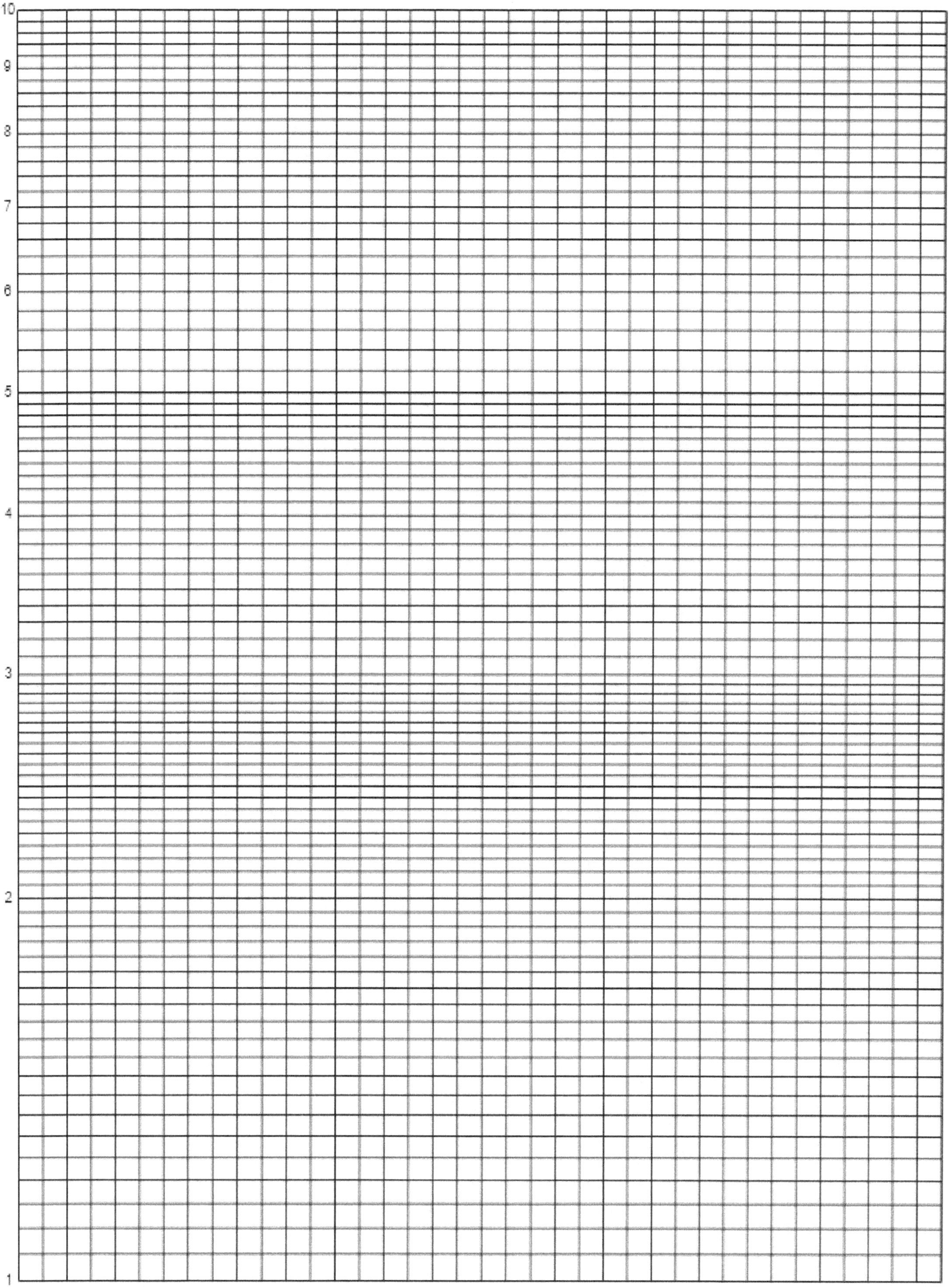
10
9
8
7
6
5
4
3
2
1

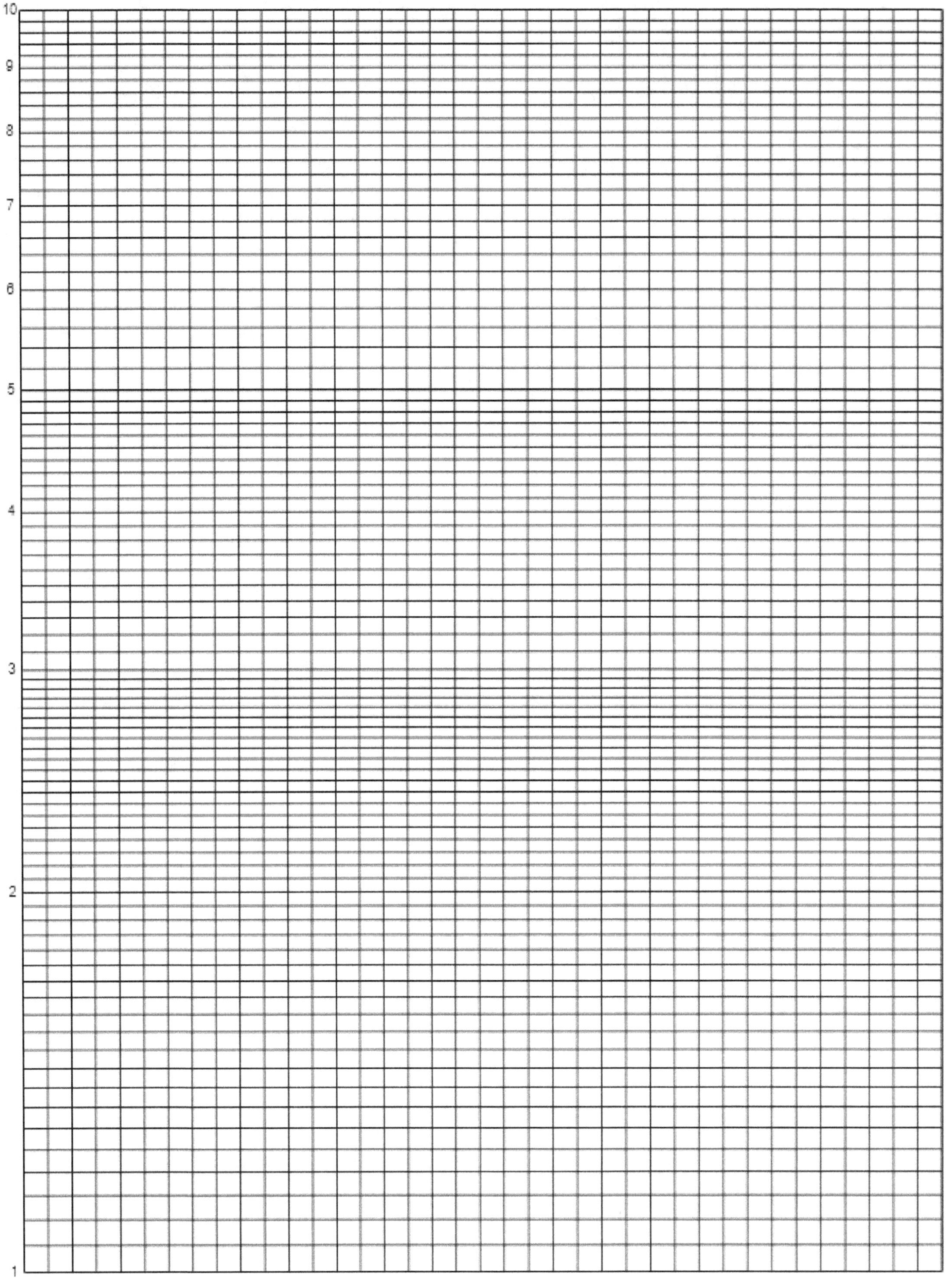
10
9
8
7
6
5
4
3
2
1

10

9

8

7

6

5

4

3

2

1

10
9
8
7
6
5
4
3
2
1

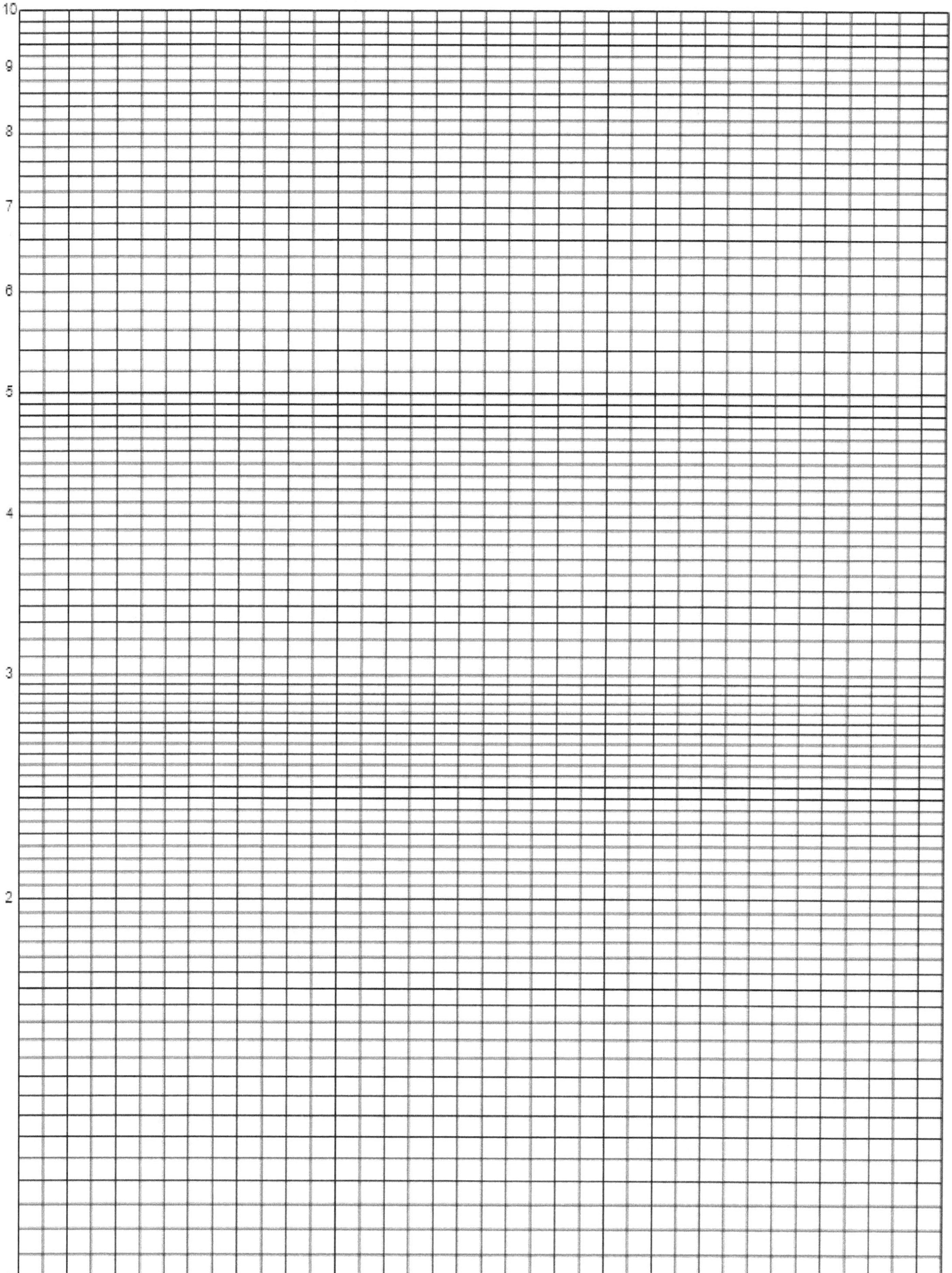
10
9
8
7
6
5
4
3
2
1

10
9
8
7
6
5
4
3
2
1

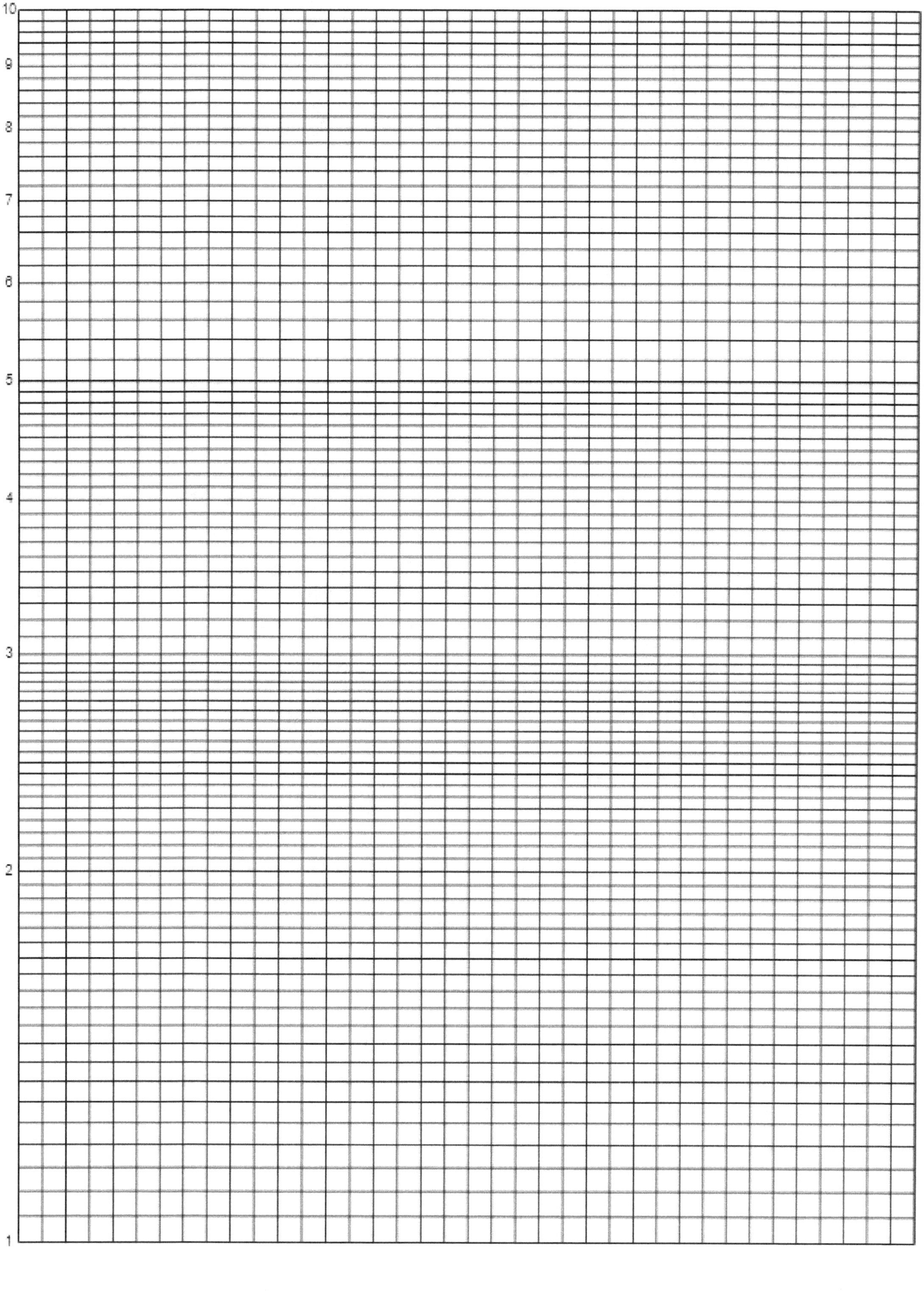
10
9
8
7
6
5
4
3
2
1

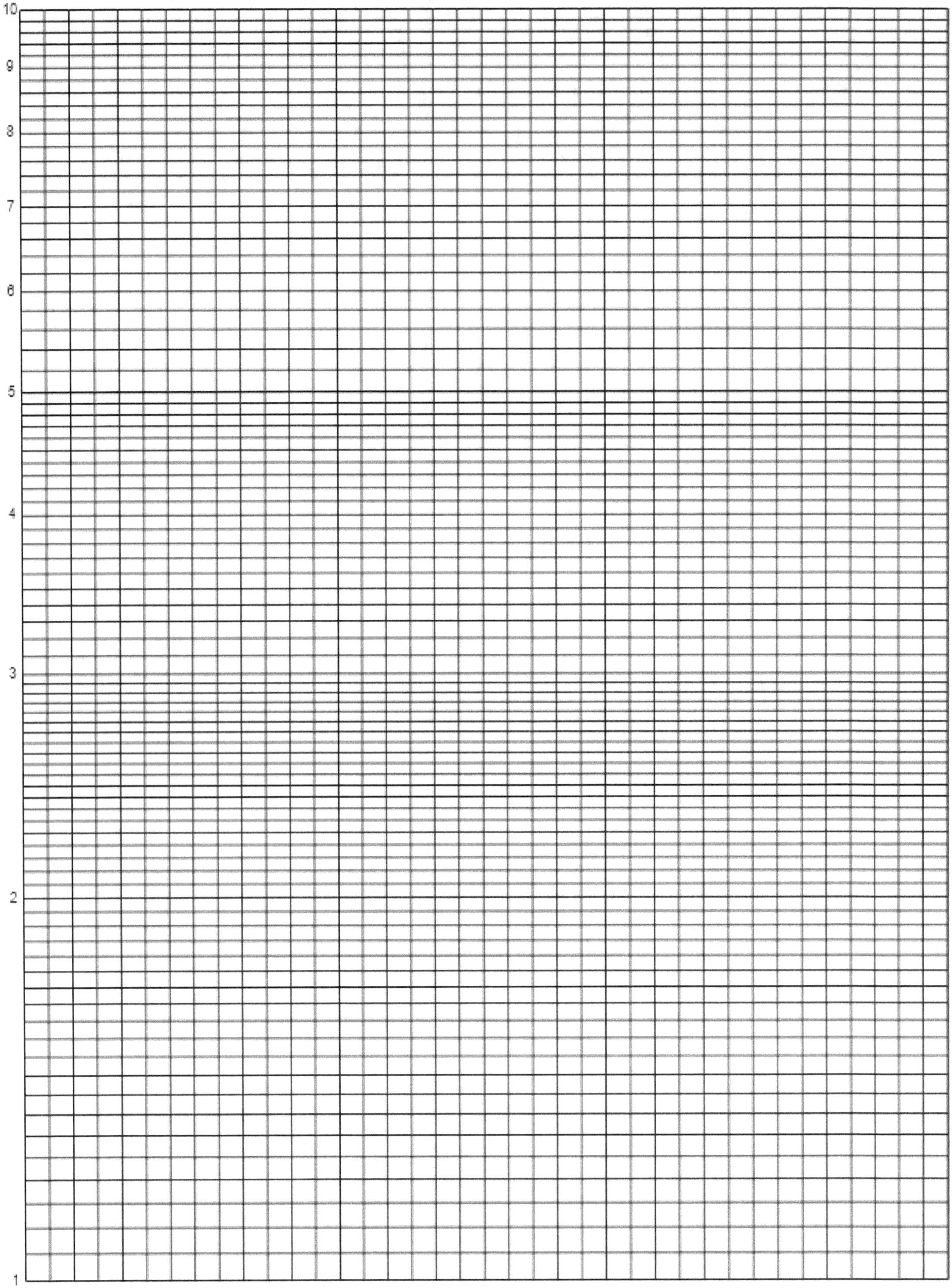
10
9
8
7
6
5
4
3
2
1

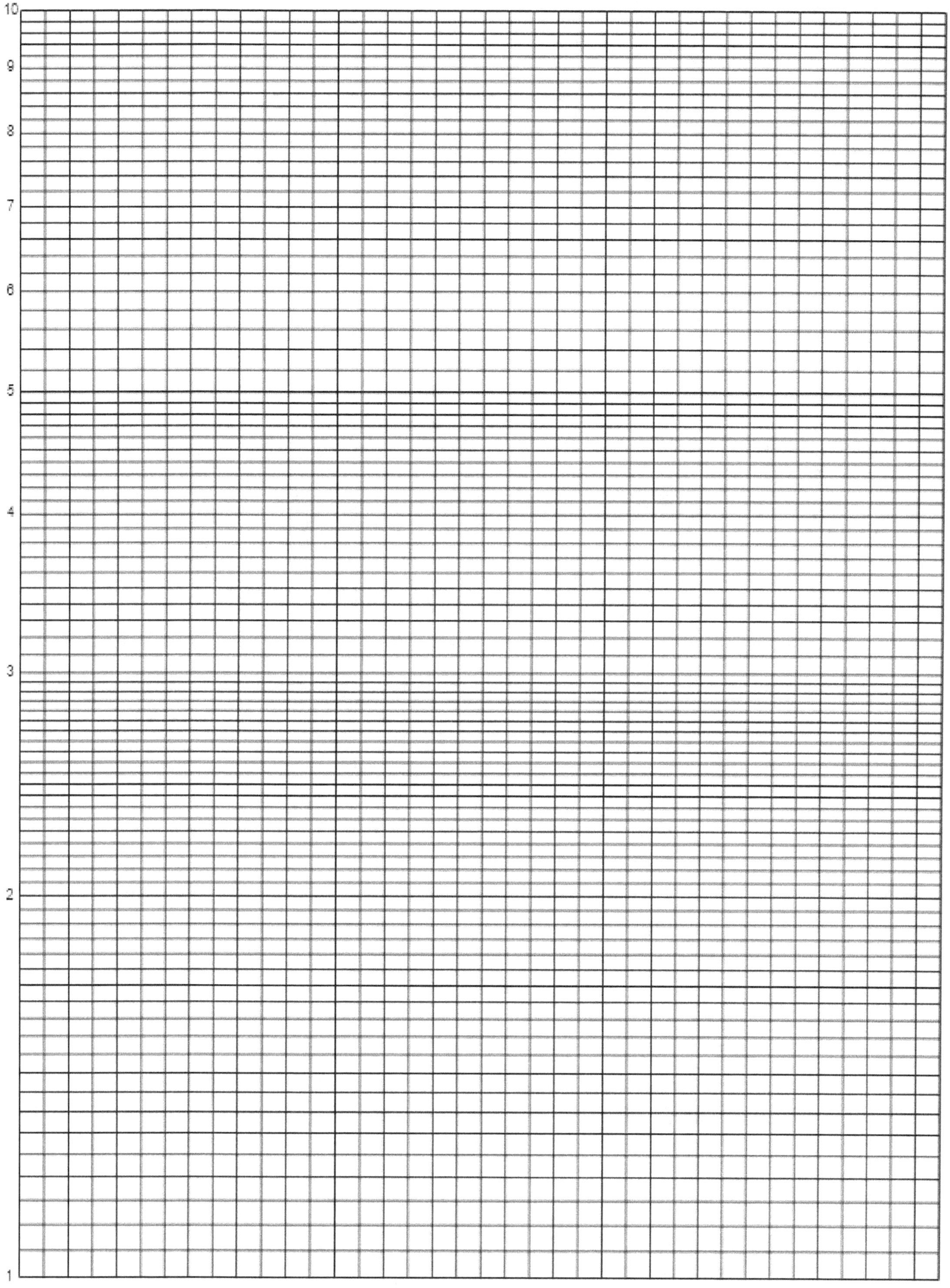
10
9
8
7
6
5
4
3
2
1

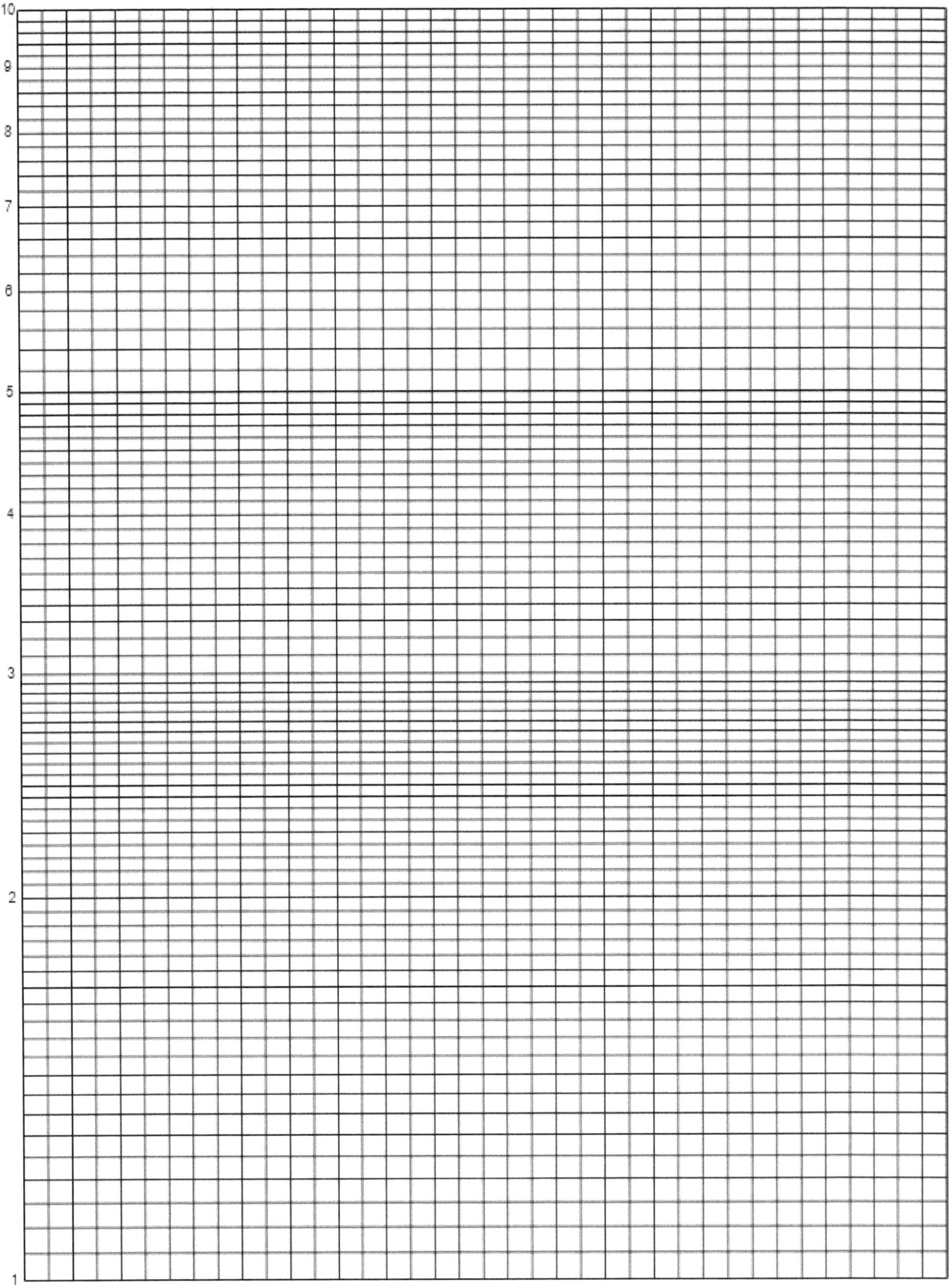
10
9
8
7
6
5
4
3
2
1

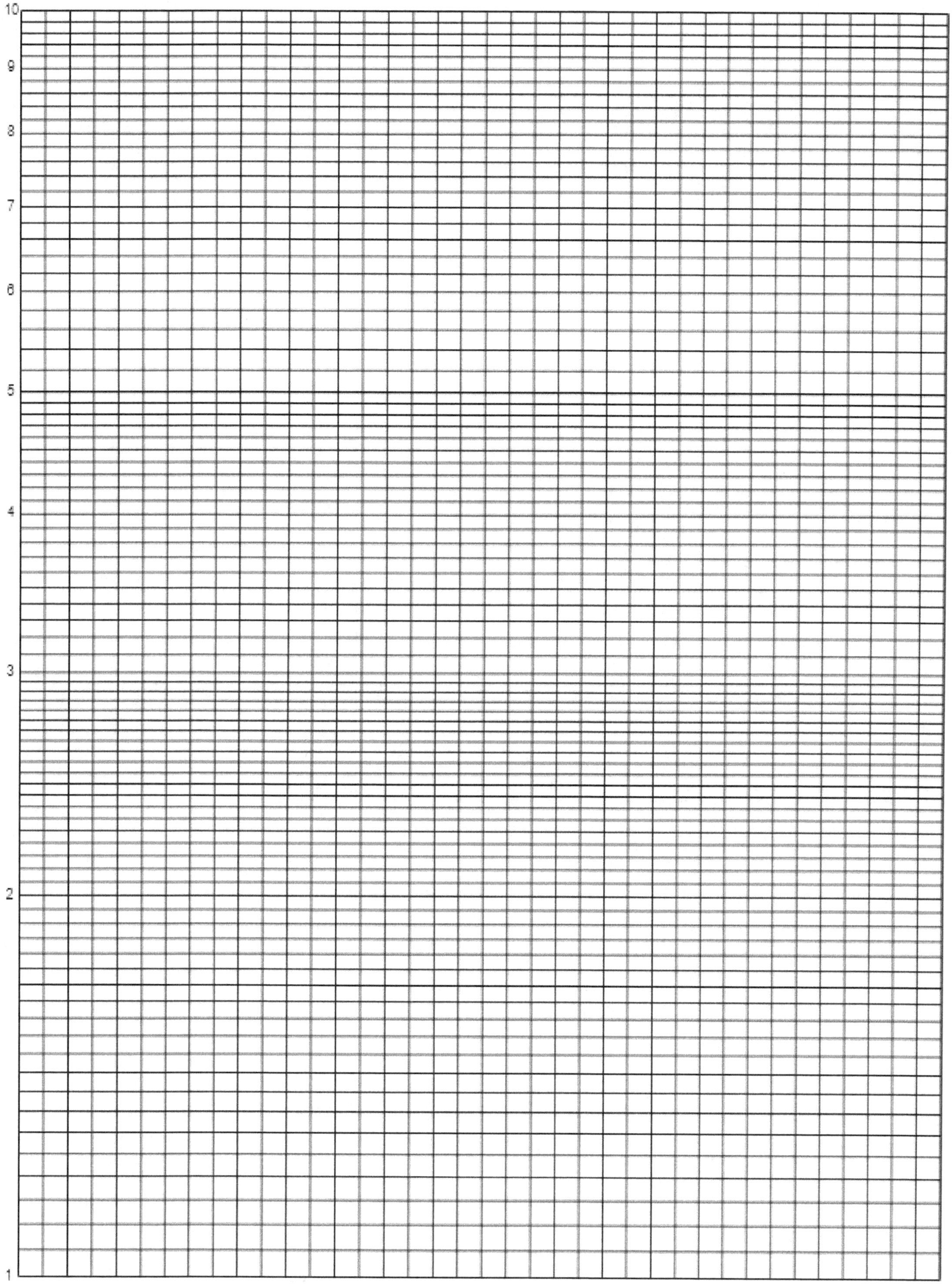
10
9
8
7
6
5
4
3
2
1

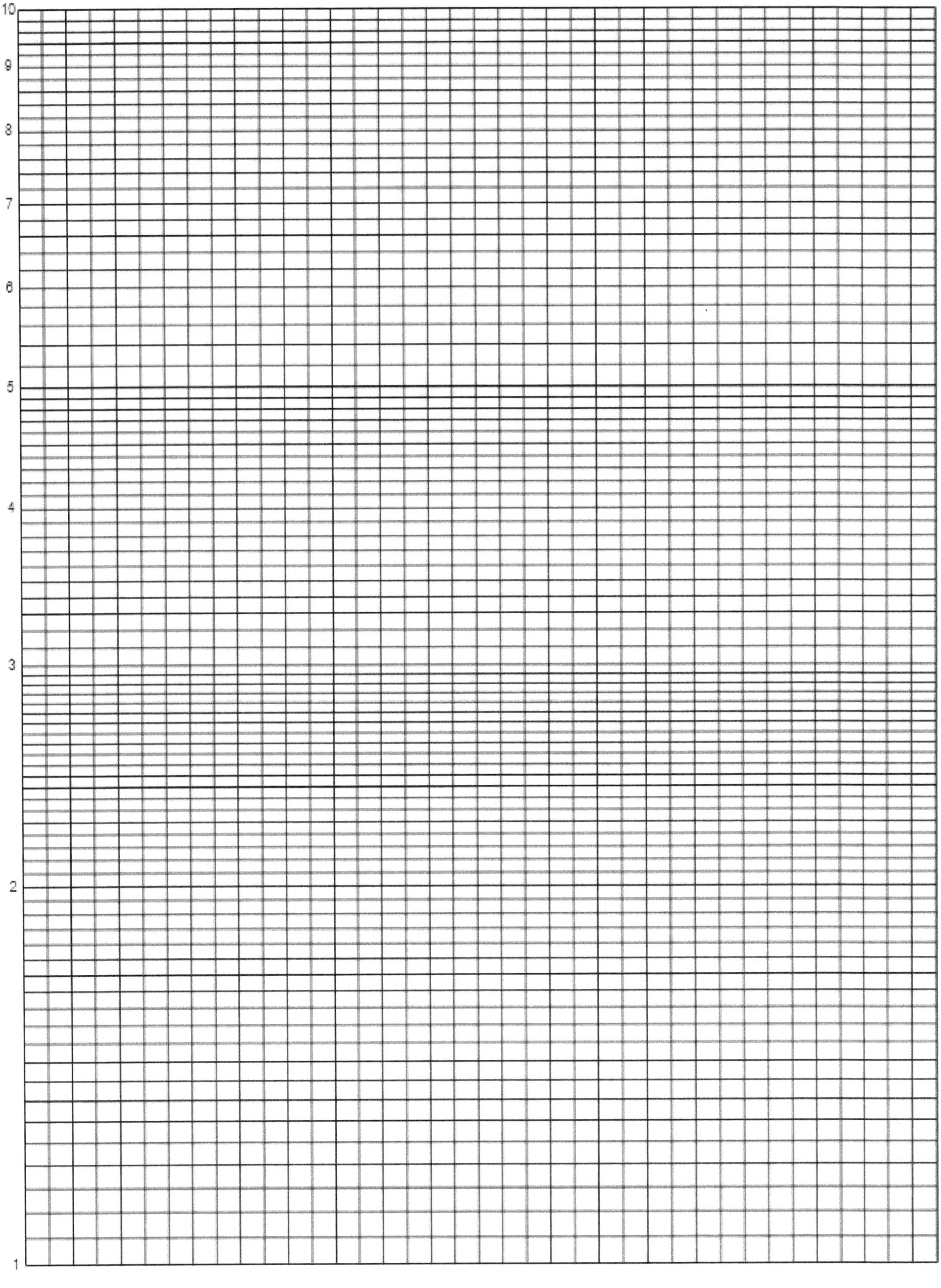
10
9
8
7
6
5
4
3
2
1

10
9
8
7
6
5
4
3
2
1

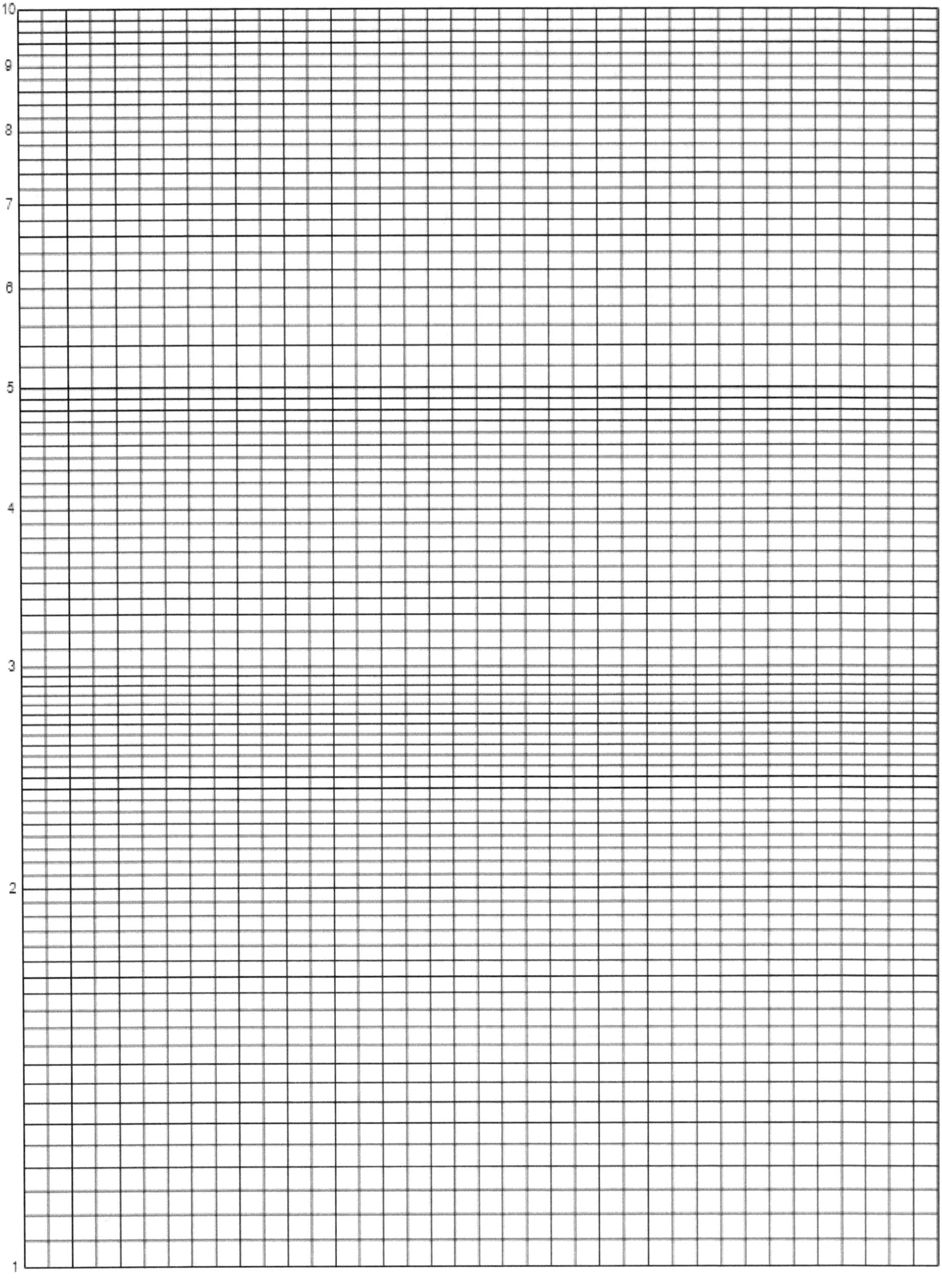
10
9
8
7
6
5
4
3
2
1

www.ingramcontent.com/pod-product-compliance
Lightning Source LLC
Chambersburg PA
CBHW081445220526
45466CB00008B/2512
9781652699200